河南鸡公山森林生态系统长期观测与研究

冯万富　申明海　等著

黄河水利出版社

·郑 州·

内 容 提 要

　　本书依托鸡公山森林国家站野外科技创新平台,概述了国内外生态系统长期定位观测与研究现状;在吸收借鉴先进经验和最新研究成果的基础上,构建了鸡公山森林生态系统长期定位观测指标体系;详细介绍了鸡公山森林生态系统水量平衡、碳库特征、植物物种多样性等方面研究内容和相关进展;利用鸡公山森林站和周边生态站长期连续观测研究数据集以及森林资源清查成果等基础数据,对鸡公山自然保护区森林生态系统服务物质量和价值量进行了系统评估。

　　本书内容丰富、观点新颖、数据翔实,可供自然保护区建设与开发人员以及生态学、生物学、林学、环境保护等领域的科研、管理人员以及大专院校相关专业师生学习参考。

图书在版编目(CIP)数据

河南鸡公山森林生态系统长期观测与研究/冯万富等著.—郑州:黄河水利出版社,2020.8
ISBN 978 - 7 - 5509 - 2774 - 2

Ⅰ.①河…　Ⅱ.①冯…　Ⅲ.①鸡公山 - 森林生态系统 - 观测 - 研究　Ⅳ.①S718.55　②X835

中国版本图书馆 CIP 数据核字(2020)第 148825 号

组稿编辑:王路平　电话:0371-66022212　E-mail:hhslwlp@ 163. com

出　版　社:黄河水利出版社
　　　　　地址:河南省郑州市顺河路黄委会综合楼 14 层
发行单位:黄河水利出版社
　　　　发行部电话:0371 - 66026940、66020550、66028024、66022620(传真)
　　　　E-mail:hhslcbs@ 126. com
承印单位:河南瑞之光印刷股份有限公司
开本:787 mm×1 092 mm　1/16
印张:10.5
字数:260 千字
版次:2020 年 8 月第 1 版

网址:www.yrcp.com
邮政编码:450003

插页:6

印次:2020 年 8 月第 1 次印刷

定价:80.00 元

《河南鸡公山森林生态系统长期观测与研究》著者名单

冯万富　申明海　付觉民　邱　林

单燕祥　张玉虎　王晓云　哈登龙

李月凤　琚煜熙　胡　洁　周继良

前　言

　　生态系统长期定位观测与研究是国际上为研究、揭示生态系统的结构与功能变化规律而采用的一种研究方法,是通过在典型自然或人工的生态系统地段建立生态定位观测研究站及长期固定观测样地,对生态系统的组成、结构、生物生产力、养分循环、水循环和能量利用等在自然状态下或某些人为活动影响下的动态变化格局与过程进行长期观测,阐明生态系统发生、发展、演替的内在机制,生态系统自身的动态平衡以及参与生物地球化学循环过程等的研究方法。

　　20 世纪中叶以来,气候变暖、土地沙化、水土流失、干旱缺水、物种减少等生态危机正严重威胁着人类的生存与发展,资源紧缺与环境污染问题日趋严重,资源与环境问题逐步成为国际社会普遍关注的问题,进而促进了生态学的加速发展,生态系统长期定位监测与研究工作越来越受到重视。为应对全球变化观测需要,实现可持续发展,许多国家纷纷加快了生态站(实验站)建设步伐,巩固提升已建立的生态系统定位研究站,增设新生态站,在加强单项深入研究的同时,积极开展较大规模的综合性联网研究,使生态系统定位研究逐步向网络化方向发展。20 世纪 60～80 年代,国际上相继建立起一批知名的资源与环境监测网络及其数据信息管理系统,如 1957 年国际科联建立了世界数据中心,1972 年联合国开发计划署建立了全球环境监测系统等。1972 年,联合国"环境与发展大会"以后,各种生态系统研究和监测网络相继建立,比较著名的有美国的"长期生态学研究网络(LTER)",英国的"环境变化研究网络(ECN)","欧洲生态系统观测网(EECONET)",以自然生态系统物流与能流为主要研究对象的"国际生物学计划(IBP)",以研究人类活动对自然生态系统的作用为核心内容的"人与生物圈计划(MAB)",以协调人与自然的关系、改善人类的生存环境为目标的"国际地圈与生物圈计划(IGBP)"等。这些联网研究已经为或正在为人类合理利用资源、维护环境质量及实现可持续发展做出重要贡献。

　　国外最早开展长期生态学定位研究的是英国洛桑(Rothamsted)实验站,距今已有 170多年的历史。目前世界上已持续观测 60 年以上的长期定位实验站有 30 多个,主要集中在欧美、日本以及俄罗斯等国家。

　　林业是陆地生态系统建设和保护的主体,承担着建设森林生态系统、保护湿地生态系统、改善荒漠生态系统、维护生物多样性的重大使命;承担着保护自然生态系统、构建生态安全格局、建设美丽中国、促进绿色发展的重大职责。为了研究陆地生态系统结构与功能,评估林业在经济、社会发展中的作用,从 20 世纪 50 年代末至 60 年代初,原国家林业部开始筹建陆地生态站,经过几十年的发展,逐步形成了初具规模的陆地生态系统定位观测研究网络(英文简称 CTERN),成为国家林业和草原局开展生态效益评价、支撑生态文明建设的重要科学平台和长期科研试验基地,与林业生态建设及保护、生态服务功能评估、应对气候变化、国际履约等林业重点工作密切相关,在推进林业现代化建设过程中发挥了重要的支撑作用。

河南鸡公山森林生态系统国家定位观测研究站(以下简称"鸡公山森林生态国家站")位于河南省信阳市境内的鸡公山国家级自然保护区内,地理坐标为北纬31°46′~31°52′、东经114°01′~114°06′。鸡公山森林生态国家站处于我国暖湿带向亚热带过渡区,地理生态区位优势突出。鸡公山所处区域是长江、淮河两大水系的分水岭,是华东、华中、华北、西南植物区系的交会地,植物种类和群落类型相当丰富。在国家陆地生态系统定位观测研究网络总体布局中,代表"华东中南亚热带常绿阔叶林及马尾松杉木竹林地区"之"江淮平原丘陵落叶常绿阔叶林及马尾松林区"。多年来,在上级业务主管部门的大力支持下,先后完成三期建设任务,建起一座具有中等规模的现代化生态站,已经具备了良好的基础设施条件和较强的野外观测能力。鸡公山森林生态国家站始建于2005年。自建成运行以来,在数据积累、监测评估、科学研究、示范服务以及合作交流等方面均取得丰硕成果,现已发展成为国家林业和草原局CTERN网络重要台站之一。

本书系统总结了鸡公山森林生态国家站建成运行以来在数据积累、监测评估和科学研究等方面取得的成果,共包含7章。第1章综述了国内外生态系统长期定位观测与研究背景、发展现状与展望。第2章概述了鸡公山自然地理、社会经济和森林资源状况。第3章在吸收借鉴先进经验和最新研究成果的基础上,构建了系统全面的鸡公山森林生态系统定位观测指标体系。第4~6章分别详细介绍了鸡公山森林生态国家站在典型森林生态系统植物物种多样性、水量平衡及水文生态功能、森林生态系统碳储量及空间分布特征等方面观测研究取得的成果和相关进展。第7章利用鸡公山森林生态国家站和周边生态站长期连续观测研究数据集、鸡公山自然保护区森林资源清查成果和权威部门公布的社会公共数据等基础数据,对鸡公山自然保护区森林生态系统服务物质量和价值量进行了系统评估。

本书在编写过程中得到了河南省林业局科技兴林项目(豫林计〔2018〕127号)"豫南山区典型林分关键过程长期观测与模拟及生态功能评价"的资助,在此表示感谢!

由于时间仓促以及著者水平有限,书中难免存在疏漏和不当之处,敬请读者批评指正。

著　者

2020 年 5 月

目 录

第 1 章　生态系统长期定位观测与研究综述

1.1　生态系统长期定位观测与研究背景

生态系统长期定位观测与研究的英文名称是 Long – Term Ecosystem Research（简称 LTER）。它是国际上为研究、揭示生态系统的结构与功能变化规律而采用的一种研究方法，是通过在典型自然或人工的生态系统地段建立生态定位观测研究站及长期固定观测样地，对生态系统的组成、结构、生物生产力、养分循环、水循环和能量利用等在自然状态下或某些人为活动影响下的动态变化格局与过程进行长期观测，阐明生态系统发生、发展、演替的内在机制，生态系统自身的动态平衡以及参与生物地球化学循环过程等的研究方法。

20 世纪下半叶以来，气候变暖、土地沙化、水土流失、干旱缺水、物种减少等生态危机正严重威胁着人类的生存与发展，资源紧缺与环境污染问题日趋严重。随着 1992 年"世界环境与发展大会"的召开、1997 年"京都议定书"的签订以及 2000 年联合国《千年生态系统评估（MA）》的开展，人们越来越关注地球生态系统和全球气候变化的相互作用，迫切需要获取反映陆地生态系统状况的各种信息，同时各国政府在开展生态保护、自然资源管理、应对全球气候变化和实现可持续发展等宏观决策中也需要生态系统相关信息和数据作为科学依据。

森林、湿地和荒漠是陆地上最重要的三大生态系统，林业是陆地生态系统建设和保护的主体，承担着建设森林生态系统、保护湿地生态系统、改善荒漠生态系统、维护生物多样性的重大使命；承担着保护自然生态系统、构建生态安全格局、建设美丽中国、促进绿色发展的重大职责。为了研究陆地生态系统结构与功能，评估林业在经济、社会发展中的作用，从 20 世纪 50 年代末至 60 年代初，原林业部开始筹建陆地生态站，经过几十年的发展，逐步形成了初具规模的陆地生态系统定位观测研究网络（英文简称 CTERN），成为国家林业和草原局开展生态效益评价、支撑生态文明建设的重要科学平台和长期科研试验基地，与林业生态建设及保护、生态服务功能评估、应对气候变化、国际履约等林业重点工作密切相关，在推进林业现代化建设过程中发挥了重要的支撑作用。

国家十分重视野外科学观测研究工作。2003 年，《中共中央 国务院关于加快林业发展的决定》把"抓好林业重点实验室、野外重点观测台站、林业科学数据库和林业信息网络建设"作为科技兴林的重要内容；《国家中长期科学和技术发展规划纲要（2006 ~ 2020年）》明确提出"构建国家野外科学观测研究台站网络体系"；《"十三五"国家科技创新规划》明确提出"围绕生态保障、现代农业、气候变化和灾害防治等国家需求，建设布局一批野外科学观测研究站，完善国家野外观测站网体系，推动野外科学观测研究站的多能化、标准化、规范化和网络化建设运行，促进联网观测和协同创新"。《国家林业科技创新体系建设规划纲要(2006～2020 年)》明确提出"根据林业科学实验、野外试验和观测研究的需要,新建一批森林、湿地、荒漠野外科学观测研究台站,初步形成覆盖主要生态区域的科学观测研究网络"。要求构建高水平的以重点实验室、野外台站为主要内容的科技条件平台,全面推进国家林业科技创新体系建设。这些有关文件的颁布,为加快国家林业和草原局生态站网的建设发展提供了指导和依据。

1.2 国际长期生态观测研究回顾与展望

国外最早开展长期生态学定位研究的是英国洛桑(Rothamsted)实验站,洛桑站于 1843 年开始对土壤肥力与肥料效益进行长期定位试验。随后,其他国家相继开展了定位研究工作。目前世界上已持续观测 60 年以上的长期定位试验站有 30 多个,主要集中在欧洲、俄罗斯、美国、日本、印度等国家。这些被称为"经典"的长期定位试验,对土壤植物系统中养分的循环和平衡进行了长期系统的观测研究,做出了科学的评价。

1.2.1 陆地生态站发展迅速

森林生态系统定位研究开始于 1939 年美国 Laguillo 试验站对南方热带雨林的研究。著名的研究站还有美国的 Baltimore 生态研究站、Hubbard Brook 试验林站、Coweeta 水文实验站等,主要开展了森林生态系统过程和功能的观测与研究。近年来,为应对全球变化观测需要,许多国家纷纷加快了森林生态站(试验站)建设步伐。湿地生态系统定位观测研究起步较早,20 世纪初,苏联在爱沙尼亚建立了第一个以沼泽湿地为研究对象的生态研究站。20 世纪中叶以后,随着人们对湿地功能和价值认识的深入,湿地研究备受重视,许多国家也相继建立了不同湿地类型的生态研究站。荒漠生态系统的定位研究可以追溯到 20 世纪初叶,苏联在卡拉库姆沙漠建立了捷别列克站。随后,其他一些受荒漠化危害严重的国家,也陆续建立了观测站点,对土地退化和荒漠化治理开展研究。

1.2.2 生态站的作用日益凸显

生态站为人类合理利用资源、维护环境质量及实现可持续发展做出了重要贡献。如英国洛桑(Rothamsted)实验站提出了新的农学和土壤学的理论与方法,推动了英国乃至世界农业的发展。美国长期生态学研究网络(US－LTER)和英国环境变化研究网络(ECN)在长期生态学研究方面取得的一些重要成果已经应用于国家资源、环境管理政策的制定和实施。美国夏威夷的 Manua Loa 监测站通过长期连续的观测,发现了近 50 年来全球大气中 CO_2 浓度逐年升高的事实,为全球气候变化研究提供了基础数据,引起了人类对于全球变化的广泛关注。

1.2.3 生态站建设网络化趋势明显

1972 年"联合国人类与环境"会议和 1992 年"联合国环境与发展"大会以后,生态系统观测研究在世界各国得到了迅猛发展。随着人们对全球气候变化等重大科学问题的日益关注,伴随着网络和信息技术的飞速发展,生态系统观测研究已从基于单个生态站的长期观测研究,向跨国家、跨区域、多站参与的全球化、网络化观测研究体系发展。美国、英国、加拿大、波兰、巴西、中国等国家以及 UNDP、UNEP、UNESCO、FAO 等国际组织都独立或合作建立了国家、区域或全球性的长期监测、研究网络。在国家尺度上主要有美国长期生态学研究网络(US – LTER)、美国国家生态观测网络(NEON)、英国环境变化研究网络(ECN)、加拿大生态监测与分析网络(EMAN)等,在区域尺度上主要有亚洲通量观测网络(AsiaFlux)、欧洲森林生态系统研究网络(EFERN)等,在全球尺度上主要有全球陆地观测系统(GTOS)、全球气候观测系统(GCOS)、全球海洋观测系统(GOOS)和国际长期生态学研究网络(ILTER)等。观测研究对象几乎囊括了地球表面的所有生态系统类型,涵盖了包括极地在内的不同区域和气候带。

　　2010 年,美国国家科学基金委员会提出了建立美国国家生态观测网络(NEON);2012年春,NEON 成功完成规划和设计,进入建设阶段。2019 年完成整个网络的建设,开始为期 30 年的运行,收集有关生态响应变化及地圈、水圈和大气圈之间反馈的数据。NEON是全球第一个大陆尺度针对关键生态问题的生态观测系统,覆盖整个美国大陆(包括阿拉斯加)以及夏威夷和波多黎各。其目的是为发现、理解和预测气候变化、土地利用变化和生物入侵对大陆尺度生态系统的影响提供观测平台,采集和集成有关气候变化、土地利用变化和入侵生物对自然资源和生物多样性影响的数据。NEON 按 20 个生物地理大区规划,共建设站点 106 个,其中 60 个陆地生态站、36 个水域生态站、10 个水域实验站。每个站点都经过战略性的筛选以保证代表不同区域的植被、地形、气候和生态系统过程。NEON 将多方面的地面观测数据与高分辨率遥感观测数据集成,以满足国家尺度生态系统时空变化的监测需要。NEON 实验、观测平台委托 Battelle 公司专业管理,提供的数据面向研究人类活动的生态效应、关键生态学问题的科学家、教育工作者、规划从业者、决策者和公众开放。总体上,NEON 采取的是系统设计、统一规划的途径,实现观测指标可比和监测设施统一规范,以保证数据质量的可靠性以及在回答关键科学问题中的有效性。NEON 从根本上改变了传统的小规模、地域性研究方式,形成大陆尺度的一体化观测研究。同时,生态站网的建设和观测更加注重标准化、规范化、自动化和网络化,研究内容更加重视生态要素和机制过程的长期观测,生态系统观测研究已经从单纯的科研过程发展成为政府决策或社会服务提供决策依据的信息渠道,日益得到政府和社会的关注与重视。

　　当前,国际生态系统观测研究网络的观测尺度从站点走向流域和区域,关注的对象从生态系统扩展到地表系统,逐渐将自然生态要素与社会经济相结合,深化了联网观测和联网研究;在观测手段上实现了地面观测和遥感多尺度观测的有机结合,日益注重数据共享和集成,促进了科学知识的产生。今后生态观测网络研究需要扩展观测和研究的时空尺度,深化和规范单要素联网观测和研究,有机结合地面观测和遥感观测,强化生物多样性相关观测与研究,发展耦合自然和社会经济的综合研究,拓展国内外合作研究,融入全球尺度的观测研究网络。展望未来,面对复杂因素驱动的生态系统变化,生态系统研究需要发展多学科交叉、国际合作的研究平台,需要从单纯的生态系统过程机制的研究转向与全球可持续发展相结合。国际生态系统研究计划正在与全球可持续发展相结合,旨在推动区域和全球可持续发展相关生态系统科学知识的发现和应用。多尺度、多平台集成的生态系统观测研究网络将有力地支撑上述计划的实施,进而服务于管理决策,促进可持续发展目标的实现。

1.3 国内陆地生态系统定位观测研究发展状况

1.3.1 生态站网发展历史

20 世纪 50 年代末,国家结合自然条件和林业建设实际需要,在川西、小兴安岭、海南尖峰岭等典型生态区域开展了专项半定位观测研究,并逐步建立了森林生态站,标志着我国生态系统定位观测研究的开始。1978 年,原国家林业部首次组织编制了全国森林生态站发展规划草案。之后,原国家林业部在林业生态工程区、荒漠化地区等典型区域陆续补充建立了多个生态站。1992 年修订了规划草案,成立了生态站工作专家组,初步提出了生态站联网观测的构想,为生态站网的建立奠定了基础。自 1998 年起,原国家林业局逐步加快了生态站网建设进程,新建了一批生态站,形成了初具规模的生态站网站点布局。2003 年 3 月,原国家林业局组织召开了"全国森林生态系统定位研究网络工作会议",正式研究成立了中国森林生态系统定位研究网络(CFERN),明确了生态站网在林业科技创新体系中的重要地位,标志着生态站网建设进入了加速发展、全面推进的关键时期。在此期间,湿地和荒漠生态站网依托国家相关科研项目,也得到了快速发展,基本形成了网络化发展的格局。

1.3.2 生态站网发展现状

截至 2018 年底,已批准建立 189 个生态站,其中森林生态站 106 个、湿地生态站 39 个、荒漠生态站 24 个、城市生态站 12 个、竹林生态站 8 个。森林生态站网(CFERN)已基本形成横跨 30 个纬度的全国性观测研究网络,形成了由北向南以热量驱动和由东向西以水分驱动的生态梯度十字网,一些生态站还被 GTOS 收录,并且与 ILTER、ECN、AsiaFlux 等建立了合作交流关系;湿地生态站网(CWERN)实现了沼泽、湖泊、河流、滨海四大自然湿地类型和人工湿地类型的全覆盖,遍布 24 个省(区、市);荒漠生态站网(CDERN)个别站点建站历史很长,开展相关观测与研究工作基础较好,实现了除滨海沙地外,我国主要沙漠、沙地以及岩溶石漠化、干热干旱河谷等特殊区域的覆盖。与此同时,国家加大了重点站建设力度,逐步将一批基础条件好的生态站建设成国家级台站。在长期建设与发展过程中,生态站网在观测、研究、管理、标准化、数据共享等方面均取得了重要进展,目前已发展为一站多能,集科学试验、野外观测、科普宣传于一体的大型野外科学基地,承担着长期生态数据积累、生态工程效益监测、生态服务功能评估、重大科学问题研究等任务,在推动国家生态保护、建设与社会可持续发展中发挥着重要的作用。

1.3.3 地方和相关部门发展状况

进入 21 世纪以来,部分省级林业行政主管部门根据区域生态文明建设和经济社会发展的需求,以国家网络现有站点为骨架建立了省级陆地生态系统定位观测研究网络及其管理中心,如河南省规划并建立了由河南鸡公山森林生态系统国家定位观测研究站、河南禹州森林生态系统国家定位观测研究站、河南黄淮海农田防护林生态系统国家定位观测研究站等 13 个国家和省级台站构成的河南省典型生态系统定位研究网络(HNTERN),并依托河南省林业科学研究院成立了网络管理中心。此外,广东、北京、吉林、山西、四川、湖北、浙江、上海、青海、内蒙古、云南、重庆、新疆等省(区、市)也对省级陆地生态系统定位观测研究网络进行了规划,河南、广东、浙江、吉林、山西等省在地方财政专项的支持下,安排建设与运行经费用于支持省级生态站网络建设,取得了良好的成效。依托中国科学院构建的中国生态系统研究网络(CERN)自 1988 年建设以来,经过 30 多年的持续稳定发展,建立了我国长期生态学试验和数据积累的基础平台,为生态系统过程的深入研究、生态系统联网观测研究和区域性复合生态问题研究奠定了坚实的基础。此外,国内农业、水利、气象、环保等部门根据行业不同需求和特点将观测研究站建设作为一项重点基础性工作,投入了大量的人力物力,基本建立了能够符合本行业部门或单位发展需求的野外观测研究台站网络。

第2章　鸡公山自然资源概况

2.1　自然地理概况

2.1.1　地理位置

鸡公山自然保护区地处河南省信阳市南部的豫鄂两省交界处,地理坐标为东经114°01′~114°06′、北纬31°46′~31°52′,总面积2 927 hm²。其东、西、北三面与浉河区李家寨镇的新店村、谢桥村、中茶村、旗杆村、南田村以及武胜关村接壤,南面与湖北省广水市武胜关镇的孝子村和碾子湾村相连。

2.1.2　地质地貌

2.1.2.1　地质

鸡公山在大地构造上属于秦岭地槽皱褶系东段的桐柏大别皱褶带的秦岭－大别山造山带,地质构造演化具有多旋回螺旋式不均衡发展的特点。大别山造山带是我国南北地块的结合带,基本构造格架表现为近东西向展布的强变形带及由它们分隔或被它们夹持的、变形程度相对较弱的弱变形域相间排列的网结状构造轮廓。区内构造以断裂为主,褶皱为次。断裂构造具有多期性、继承性、复合性、等间距性等特点。

鸡公山隶属秦岭地层区、桐柏大别地层分区。区内地质属于华北与华南地台地层的过渡类型。该区地层具有一老一新的地质特征,老地层主要是太古界大别群、下元古界苏家河群等;新地层属新生界第四系。区内第四系广泛发育于山间盆地、河流沟谷、山前洼地,沉积类型较复杂,成层性好,层理近于水平,具河流相－河湖相沉积特征。

区内岩石主要为鸡公山混合花岗岩和灵山复式花岗岩基。

2.1.2.2　地貌

按全国宏观地貌分类,大别桐柏主体山系属第二级地貌台阶,主体山系的北麓和南麓、山脉前缘丘陵地带,属第二、三级地貌台阶过渡的中低山系构造侵蚀类型地貌。

鸡公山处于桐柏山以东、大别山最西端,区内主体山系基本上分布在河南、湖北两省省界上,呈近东西走向。南主峰报晓峰,又名鸡公头,海拔768 m;最高峰为光石山,海拔830 m。区内地质体产状的倾角较陡,地表径流侵蚀作用强烈,沟谷切割较深,山坡的坡度多在30°以上。山脉泾渭分明,沟谷纵横密布。由于河流横向切蚀山体,从而形成了一系列深谷、峡谷、横向山岭。

2.1.3　气候条件

鸡公山地处北亚热带边缘,淮南大别山西端的浅山区。由于受东亚季风气候的影响,具有北亚热带向暖温带过渡的季风气候和山地气候的特征。鸡公山四季分明,气候温暖湿润,光、热、水同期,日照充足,雨量充沛。太阳总辐射年平均为 4 928.7 MJ/m^2。年均温 14 ℃,年均日照时数 2 060.3 h,极端最低温度为 − 20.0 ℃,极端最高温度为 40.9 ℃。日平均气温稳定通过≥10 ℃的活动积温 4 881.0 ℃。年均降水量 1 118.7 mm,降水主要集中在 4 ~ 9 月,占全年降水量的 75%,无霜期 220 d,年平均蒸发量为 1 373.8 mm。

2.1.4　水文状况

桐柏大别主体山系是长江与淮河两大流域的分水岭。鸡公山位于主体山系以北,地形为南高北低。区内的地表水系发育充分,地表水以河流、小溪、水库、瀑布、山泉等形式星罗棋布。发源于区内的东双河、西双河、九渡河汇入浉河,复入淮河;区内的环水、大悟河汇入汉水,复入长江。

2.1.5　土壤条件

土壤是各种成土因素综合作用的产物,有着与其成土环境相适应的空间地理位置和空间分布格局。根据土壤发生学和成土因素,鸡公山土壤划分为 4 个土类、5 个亚类、7 个土属和 14 个土种。4 个土类分别为黄棕壤、石质土、粗骨土和水稻土。黄棕壤是在北亚热带生物气候条件下形成的一种地带性土壤,pH 值呈弱酸性。该土类分布面积最大,占鸡公山土壤面积的 60%,植被以常绿针叶阔叶和落叶阔叶混交林为主。主要成土母质有花岗岩、砂页岩和片麻岩等。

2.1.6　生物资源

2.1.6.1　植物多样性

鸡公山处于北亚热带向暖温带过渡地带,是长江、淮河两大流域的分水岭,是华东、华中、华北、西南植物区系的交会地。特殊的地理位置、复杂的地形和优越的水热条件,使得该区域各种植被成分兼容并存,生态景观多样、植被型众多。根据鸡公山科考调查统计资料,结合本区的具体情况,参照《中国植被》1980 年的分类系统,采用植被型组、植被型、群系、群丛等单位,将鸡公山自然保护区植物群落划分为 7 个植被型组、16 个植被型、120 个群系(见表 2-1)。

鸡公山林区植物资源丰富,种类繁多。据鸡公山科考记载,该区域共有植物 250 科 1 059 属 2 725 种及变种,其中种子植物 166 科 889 属 2 316 种及变种(裸子植物 7 科 27 属 72 种,被子植物 159 科 862 属 2 244 种);苔藓植物 51 科 103 属 236 种 17 变种;蕨类植物 33 科 67 属 152 种 4 变种。鸡公山分布的植物占河南植物总科数的 89%,占总属数的 61%,占总种数的 41%,可见该区植物种的饱和度较大,物种多样性丰富。从中国特有种的地理分布可见,与华中地区共有 472 种,含 23 个华中特有种;与华东地区共有 397 种,含 17 个华东特有种;与西南地区共有 301 种;与华北地区共有 225 种,含华北特有种 9 种。此外,该区还是南北植物分布的天然界线之一,以此为北界的植物有 55 属 107 种,以此为南界的植物有 8 属 21 种。从上述情况看,鸡公山生态站是科学研究和植物引种驯化的理想地段。

表 2-1　鸡公山自然保护区主要植被种类

植被型组	植被型	群系
针叶林	常绿针叶林	马尾松林、黄山松林、油松林、黑松林、杉木林、柳杉林、秃杉林、火炬松林、湿地松林、日本花柏林、美国扁柏林
	落叶阔叶林	池杉人工林、落羽杉人工林、水杉人工林
阔叶林	常绿阔叶林	青冈栎林
	落叶阔叶林	栓皮栎林、麻栎林、小叶栎林、茅栗林、化香林、枫香林、槲栎林、短柄枹林、枫杨林、青檀林、黄檀林、梧桐林、香果树林、大果榉林、茶条枫林、水榆花楸林、五角枫林、千金榆林、枳椇林、朴树林、山胡椒林、钓樟林、野茉莉林、牛鼻栓林、野鸦椿林、板栗林、油桐林
	常绿落叶阔叶混交林	青冈栎、栓皮栎混交林
针阔叶混交林		马尾松麻栎栓皮栎林、马尾松化香混交林、黄山松短柄枹混交林
竹林		毛竹林、桂竹林、斑竹林、淡竹林、刚竹林、水竹林、鸡公山茶秆竹林
灌丛和灌草丛	常绿灌丛	连蕊茶灌丛、枸骨灌丛、海桐灌丛、檵木灌丛、山矾灌丛、茶人工群落、油茶人工群落
	落叶灌丛	白鹃梅灌丛、白檀灌丛、黄荆灌丛、黄栌灌丛、杜鹃灌丛、连翘灌丛、野株兰灌丛、南方六道木灌丛、杭子梢灌丛、白棠树灌丛、野桐灌丛、多花溲疏灌丛、荚蒾灌丛、卫矛灌丛、榛灌丛、野山楂灌丛、绣线菊灌丛、一叶萩灌丛、水杨梅灌丛、湖北算盘子灌丛、胡枝子灌丛、小果蔷薇灌丛、弓茎悬钩子灌丛、高粱泡灌丛
	灌草丛	荆条酸枣黄背草灌草丛、白茅草丛、野古草草丛、野青茅草丛、白羊草草丛、斑茅草丛、五节芒草丛、芒草丛、大油芒草丛、显子草丛
草甸		狗牙根草甸、白羊草草甸、金鸡菊薹草草甸、水苦荬水苏柳叶菜草甸、酸模叶蓼扯根菜水竹叶草甸
沼泽植被和水生植被	沼泽	香蒲沼泽、芦苇沼泽、灯心草沼泽、荆三棱莎草沼泽、东陵薹草沼泽
	挺水植被	慈菇群落、泽泻群落、菖蒲群落、菰群落、莲群落
	浮水植被	满江红槐叶萍群落、浮萍紫萍群落、荇菜群落、芡实菱群落、菱群落
	沉水植被	狐尾藻群落、黑藻群落、菹草群落、竹叶眼子菜群落、金鱼藻群落

该区域不仅是宝贵的生物资源的广谱基因库,也是珍稀濒危植物难得的天然避难所和理想的栖息地。根据国务院环境保护委员会 1984 年公布的第一批珍稀、濒危保护植物名录,国家环保局和中国科学院植物研究所 1985 年出版的《中国珍稀濒危保护植物名录》第一册,河南鸡公山自然保护区有国家级珍稀、濒危保护植物 25 科 30 属 33 种,约占河南省国家级珍稀、濒危保护植物的 73%,其中国家一级珍稀、濒危保护植物 2 种,占河南省国家一级珍稀濒危保护植物总种数的 100%;国家二级珍稀、濒危保护植物 11 种,占河南省国家二级珍稀濒危保护植物总种数的 78.5%;国家三级珍稀、濒危保护植物 20 种,占河南省国家三级珍稀濒危保护植物总种数的 74%。

根据国务院 1999 年公布的《国家重点保护野生植物名录(第一批)》,鸡公山有国家级保护植物 19 科 23 属 27 种,占河南国家重点保护植物的 80%,主要有香果树、独花兰、天竺桂、桢楠、天目木姜子、野大豆、天麻、青檀、黑节草等。

根据河南省人民政府豫政〔2005〕1 号文件颁布的河南省重点保护植物名录,河南省级重点保护植物共 98 种,鸡公山分布有 22 科 43 属 59 种,占河南省级重点保护植物的 63%。

根据林业部 1992 年公布的珍贵树种名录,河南省分布的国家珍贵树种共 19 种,鸡公山有 12 种,占河南全省珍贵树种的 63%。

2.1.6.2　菌类多样性

大型真菌的种类组成和多样性与植物群落的树种组成及群落环境密切相关。植被类型、群落结构、地形、土壤以及林地小气候环境条件影响着大型真菌的种群组成和分布的多度。鸡公山丰富的群落类型、优越的环境条件,繁育了丰富的大型真菌资源,根据文献记载和科考调查,经考证鸡公山分布有大型真菌 50 科 136 属 464 种。

鸡公山分布的大型真菌根据其营养方式不同,可划分为木生菌 151 种、土生菌 205 种、菌根菌 162 种、粪生菌 17 种、虫生菌 4 种。

根据大型真菌的经济用途,可分为食用菌 230 余种、药用菌 150 余种、毒菌 100 余种、其他类 30 余种。

2.1.6.3　动物多样性

鸡公山复杂的自然环境为野生动物提供了良好的栖息环境,动物种类丰富。该区动物具有明显的古北界种与东洋界种的混合区系过渡特征,但以东洋界的华中区成分稍占优势。

据科考记载,本区分布的哺乳动物共 6 目 18 科 39 属 51 种或亚种,其中属于国家重点保护哺乳动物的有金钱豹、水獭、豺、青鼬、原麝、大灵猫和小灵猫 7 种。鸟类 17 目 59 科 320 种,其中属于国家重点保护的鸟类 47 种,主要有东方白鹳、中华秋沙鸭、金雕、白鹳、白冠长尾雉、大天鹅、白额雁等。爬行动物 2 目 7 科 34 种,其中中国特有种 7 种。两栖动物 2 目 6 科 11 属 13 种,其中有尾目 2 科 2 属 2 种,无尾目 4 科 9 属 11 种,蛙科为优势科。鱼类 7 目 13 科 71 种。昆虫 18 目 161 科 1 589 种。

2.1.7　旅游资源

鸡公山是大别山的支脉,区内森林茂密、生物资源丰富,有"青分豫楚、气压嵩衡"之美誉,"佛光、云海、雾凇、雨凇、霞光、异国花草、奇峰怪石、瀑布流泉"被称为八大自然景观。山上有清末民初不同国别和风格的建筑群,有"万国建筑博物馆"之美誉,是中国历史上第一个公共租界。主峰鸡公头又名报晓峰,像一只引颈高啼的雄鸡,因名之鸡公山。主峰海拔 814 m,山势奇伟,泉清林翠,云海霞光,风景秀丽。鸡公山层峦叠嶂,沟壑纵横,山间夏季清畅凉爽,午前如春,午后如秋,夜如初冬,鸡公山与庐山、莫干山、北戴河并称为我国四大避暑胜地而闻名中外,是首批列入全国 44 个国家级重点风景名胜区之一。

自 20 世纪 90 年代初,鸡公山自然保护区结合自身资源和区位优势,加大旅游资源开发力度。现已拥有报晓峰、中正防空洞、颐庐、长生谷、登山古栈道、灵化仙境、自然博物馆、珍稀动物观赏园、东沟瀑布群、波尔登等十多个景区(点),可开展度假疗养、观光游览、科考和科学教育等多种活动。

2.2 社会经济概况

2.2.1 行政区划、人口、交通状况

鸡公山自然保护区的东、西、北三面与河南省信阳市鸡公山管理区的李家寨镇相连,南面与湖北省广水市武胜关镇接壤。保护区分布在李家寨镇、武胜关镇 2 个镇的 8 个行政村范围内,涉及总人口 1.2 万多人。两镇土地总面积 1.1 万多 hm^2,人均占有土地近 1 hm^2。

鸡公山国家级自然保护区的前身是鸡公山林场,始建于 1918 年,是我国最早的国有林场之一,由我国著名林学家韩安先生任第一任场长。1982 年被河南省人民政府批准为省级自然保护区,1988 年被国务院批准为国家级自然保护区。

鸡公山国家级自然保护区总面积 2 927 hm^2。鸡公山自然保护区管理局是隶属于信阳市林业和茶产业局的副处级全供事业单位。核定编制 132 人,其中专业技术人员 81 人,具有副高级以上技术职称的 7 人。保护区的主要职能是集自然资源保护、科学研究、旅游资源开发与服务于一体。保护区实行局、站、点三级管理体制。保护区管理局内设办公室、人事科、财务科、科技科、自然资源保护管理科、多种生产经营科等 6 个科室。自然资源保护管理科协助主管领导负责保护管理工作。保护站实行站长负责制,护林员分片包干,落实到林段地片。保护区共设置 5 个保护站(李家寨、新店、南岗、红花和武胜关)、4 个检查站、10 个保护点、1 处防火瞭望塔。各站点联合管护,形成了局、站、点三级保护网络,构建了一个科学高效的管护体系。

鸡公山处于信阳市以南 30 km,地理位置优越,交通便利。107 国道、京广铁路和京广高铁紧贴其西侧通过,312 国道、沪陕高速公路、京港澳高速公路以及京广高铁在信阳市内均设置有站点,信阳明港机场 2018 年也已建成通航,公路、铁路和航空运输系统发达。

2.2.2 保护区周围乡村经济发展情况

与保护区毗连的李家寨镇、武胜关镇两个镇因地处山区,林地多,可用耕地少,居民主要从事林业生产、养殖、建筑和服务等行业。周边居民的首要经济来源是经济林和林特产

品经营,其次是参与鸡公山景区的开发和服务,经济状况相对较好。保护区核心区无人居住,居民全部分布在实验区和缓冲区内。山顶驻山单位大多数是城镇居民,常住人口 600 多人。

2.3　森林资源概况

根据最新资源清查数据,鸡公山自然保护区总面积 2 927 hm²,其中森林面积 2 896.6 hm²,其他用地面积 30.4 hm²。活立木蓄积量为 34.26 万 m³,森林覆盖率 99%。保护区设置李家寨、南岗、新店、红花、武胜关 5 个保护站,共划分有 23 个林班、133 个小班。

第3章　鸡公山森林生态系统 定位观测指标体系

3.1　河南鸡公山森林生态系统国家定位观测研究站基本情况

3.1.1　基本情况

河南鸡公山森林生态系统国家定位观测研究站(以下简称"鸡公山森林生态国家站")位于河南省信阳市境内的鸡公山国家级自然保护区内,地理坐标为北纬31°46′~31°52′、东经114°01′~114°06′,站区面积2 917 hm²。

鸡公山森林生态国家站所处区域地理生态区位优势突出,是长江、淮河两大水系的分水岭,是华东、华中、华北、西南植物区系的交会地,植物种类和群落类型相当丰富。在国家陆地生态系统定位观测研究网络(以下简称生态站网,英文简称CTERN)总体布局中,代表"华东中南亚热带常绿阔叶林及马尾松杉木竹林地区"之"江淮平原丘陵落叶常绿阔叶林及马尾松林区"。主要观测植被类型有落叶栎林、松栎混交林、马尾松林和杉木林。

鸡公山森林生态国家站始建于2005年。多年来,在上级业务主管部门的大力支持下,先后完成三期建设任务,建起一座具有中等规模的现代化生态站,拥有多种先进设施和仪器设备,具备了良好的基础设施条件和较强的野外观测能力。生态站现有固定资产500多万元。具备同时接纳20余位专家、学者来站工作和考察的能力。

3.1.2　研究定位

鸡公山森林生态国家站围绕"数据积累、监测评估、科学研究、示范服务"等目标,突出区位优势和地域特色,以落叶栎林和松栎混交林为研究重点,开展暖温带－亚热带过渡区森林生态系统结构、关键生态过程、服务功能、森林健康与可持续经营等长期定位观测研究。

主要研究方向:

(1)森林生态系统群落结构、演替格局及影响因素;

(2)森林生态系统对气候变化的响应和适应;

(3)森林生态系统固碳能力和固碳潜力;

(4)森林植被对大气污染的调控机制和潜力;

(5)森林健康与可持续发展;

(6)森林生态系统服务功能评价方法体系。

3.2 构建鸡公山森林生态系统定位观测指标体系的意义

生态站的首要基本任务是开展生态系统长期定位观测并积累数据,对生态系统水分、土壤、气象、生物和其他基本生态要素进行长期连续观测,收集、整理、保存并定期向国家有关业务主管部门上报台站数据信息。这些数据不仅是开展相关科学研究、决策咨询、生态服务功能评估等工作的重要科学依据,也是国家林业生态建设重要的基础数据支撑。

构建生态系统定位观测指标体系,开展数据的规范化采集,对提高数据采集质量,做好数据资源的规范化整理、汇总,建立定位观测指标体系数据库,加强数据的共享应用,促进区域乃至全国联网观测研究,提高生态站科技创新能力均具有重要意义。

3.3 鸡公山森林生态系统定位观测指标分类

为实现数据共享和体现生态站特色,依据相关标准规范和国家林业和草原局科学技术司生态站野外观测数据提交要求,将河南鸡公山森林生态系统国家定位观测研究站生态系统野外定位观测指标划分为常规指标和自选指标。常规指标(规定观测指标)是指生态站应该全面观测并提交的指标;自选指标是指各个生态站根据自身定位和特色,有所选择地进行观测并提交的指标。其中常规指标包括气象常规指标、森林土壤理化性质、森林生态系统的健康与可持续发展、森林水文和森林的群落学特征五大类别,自选指标包括气象常规指标、森林土壤理化性质、森林生态系统的健康与可持续发展和森林水文四大类别。

3.4 鸡公山森林生态系统定位观测指标体系

根据《国家陆地生态系统定位观测研究站网数据管理办法》和相关标准规范,结合我国暖温带向亚热带过渡区森林生态系统结构和功能特征,构建鸡公山森林生态系统定位观测指标体系(见表3-1)。鸡公山森林生态系统定位观测指标体系由93个观测指标构成,其中常规指标60个(见表3-2)、自选指标33个(见表3-3)。

表3-1 鸡公山森林生态系统定位观测指标体系

指标类别	常规指标数量(个)	自选指标数量(个)
气象常规指标	21	4
森林土壤理化性质	9	15
森林生态系统的健康与可持续发展	3	12
森林水文	7	2
森林的群落学特征	20	0
合计	60	33

表 3-2 鸡公山森林生态系统常规观测指标体系

指标体系	指标类别	观测指标	单位	观测频度	备注
气象常规指标	天气现象	气压	hPa	每小时 1 次	
	风	10 m 处风速	m/s	每小时 1 次	
		10 m 处风向	°	每小时 1 次	
	空气温度	最低温度	℃	由定时值获取	
		最高温度	℃	由定时值获取	
		定时温度	℃	每小时 1 次	
	地表面和不同深度土壤的温度	地表定时温度	℃	每小时 1 次	
		地表最低温度	℃	由定时值获取	
		地表最高温度	℃	由定时值获取	
		10 cm 深度地温	℃	每小时 1 次	
		20 cm 深度地温	℃	每小时 1 次	
		30 cm 深度地温	℃	每小时 1 次	
		40 cm 深度地温	℃	每小时 1 次	
	空气湿度	相对湿度	%	每小时 1 次	
	辐射	总辐射量	W/m²	每小时 1 次	
		日照时数	h	每小时 1 次	
		光合有效辐射	$\mu mol/(m^2 \cdot s)$	每小时 1 次	
	大气降水	降水量	mm/h	每小时 1 次	
	水面蒸发	蒸发量	mm/h	每小时 1 次	
	空气质量	空气负离子	个/cm³	每小时 1 次	
		PM₂.₅ 和 PM₁₀ 颗粒物浓度	μg/m³	每小时 1 次	
森林土壤理化性质	森林枯落物	厚度	mm	1 次/月(3~5 月)	
	土壤物理性质	土壤颗粒组成	%	每 5 年 1 次	观测区间为 0~40 cm,步长为 10 cm
		土壤容重	g/cm³	1 次/月(3~5 月)	
		土壤总孔隙度毛管空隙及非毛管空隙	%	每 5 年 1 次	
	土壤化学性质	土壤 pH		1 次/月,3~5 月	采样深度 0~40 cm
		土壤有机质	%	每 5 年 1 次	
		土壤全氮	%		
		水解氮	mg/kg		
		亚硝态氮	mg/kg		
		土壤全磷	%		
		有效磷	mg/kg		
		土壤全钾	%		
		速效钾	mg/kg		
		缓效钾	mg/kg		

续表 3-2

指标体系	指标类别	观测指标	单位	观测频度	备注
森林生态系统的健康与可持续发展指标	生物多样性	国家或地方保护动植物的种类、数量		每5年1次	
		地方特有物种的种类、数量			
		动植物编目			
森林水文指标	水量	林内穿透雨量	mm	每小时1次	
		树干径流量	mm	每小时1次	
		坡面径流量	mm	每小时1次	
		流域径流量	mm	每小时1次	
		地下水位	m	每月1次/中旬	
		枯枝落叶层含水量	mm	每月1次/中旬	
	水质	水解氮、亚硝态氮、全磷、有效磷、COD、BOD、pH、泥沙浓度	除pH外，其他均为 mg/dm^3	每月1次	径流小区或流域
森林群落学特征指标	森林群落结构	森林群落的年龄	a	每5年1次	
		森林群落的起源			
		森林群落的平均树高	m		
		森林群落的平均胸径	cm		
		森林群落的密度	株/hm^2		
		森林群落的树种组成			
		森林群落的动植物种类数量			
		森林群落的郁闭度			
		森林群落主林层的叶面积指数			
		林下植被(亚乔木、灌木、草本)平均高	m		
		林下植被总盖度	%		
	森林群落乔木层生物量和林木生长量	树高年生长量	m	每5年1次	
		胸径年生长量	cm		
		乔木层各器官(干、枝、叶、果、花、根)的生物量	kg/hm^2		
		灌木层、草本层地上和地下部分生长量	kg/hm^2		
	森林凋落物量	林地当年凋落物量	t/hm^2	每5年1次	
	森林群落的养分	C、N、P、K	t/hm^2		
	群落的天然更新	包括树种、密度、数量和苗高等	株/hm^2、株，cm		
	物候特征	乔灌木物候特征	年/月/日	人工实时观测	
		草本物候特征	年/月/日	人工实时观测	

表 3-3　鸡公山森林生态系统自选观测指标体系

指标体系	指标类别	观测指标	单位	观测频度
气象常规指标	天气现象	云量、风、雨、雪、雷电、沙尘	10 成法	每日 1 次
	辐射	净辐射量	W/m²	每小时 1 次
		分光辐射	W/m²	每小时 1 次
		UVA/UVB 辐射量	W/m²	每小时 1 次
森林土壤理化性质	土壤化学性质	土壤阳离子交换量	mmol/kg	每 5 年 1 次
		土壤交换性钙和镁	mmol/kg	
		土壤交换性钾和钠	mmol/kg	
		土壤交换性酸量	mmol/kg	
		土壤交换性盐基总量	mmol/kg	
		土壤碳酸盐量	mmol/kg	
		土壤水溶性盐分(盐碱土中的全盐量，碳酸根和重碳酸根,硫酸根,氯根,钙离子,镁离子,钾离子,钠离子)	% ,mg/kg	
		土壤全镁 有效镁	% mg/kg	
		土壤全钙 有效钙	% mg/kg	
		土壤全硫 有效硫	% mg/kg	
		土壤全硼 有效硼	% mg/kg	
		土壤全锌 有效锌	% mg/kg	
		土壤全锰 有效锰	% mg/kg	
		土壤全钼 有效钼	% mg/kg	
		土壤全铜 有效铜	% mg/kg	

续表 3-3

指标体系	指标类别	观测指标	单位	观测频度
森林生态系统的健康与可持续发展指标	病虫害的发生与危害	有害昆虫与天敌的种类		每年 1 次
		受到有害昆虫危害的植株占总植株的百分率	%	每年 1 次
		有害昆虫的植株虫口密度和森林受害面积	个/hm^2, hm^2	每年 1 次
		植物受感染的菌类种		每年 1 次
		受到菌类感染的植株占总植株的百分率	%	每年 1 次
		受到菌类感染的森林面积	hm^2	每年 1 次
	水土资源的保持	林地土壤的侵蚀强度	级	每年 1 次
		林地土壤侵蚀模数	$t/(km^2 \cdot a)$	每年 1 次
	污染对森林的影响	对森林造成危害的干、湿沉降组成成分		每年 1 次
		大气降水的酸度，即 pH 值		每年 1 次
		林木受污染物危害的程度		每年 1 次
	与森林有关的灾害的发生情况	森林流域每年发生洪水、泥石流的次数和危害程度以及森林发生其他灾害的时间和程度，包括冻害、风害、干旱、火灾等		每年 1 次
森林水文指标	水量	森林蒸散量	mm	每月 1 次或每个生长季 1 次
	水质	微量元素（B,Mn,Mo,Zn,Fe,Cu），重金属元素（Cd,Pb,Ni,Cr,Se,As,Ti）	mg/m^3 或 mg/dm^3	每 5 年 1 次

60 个常规指标中,需要长期连续观测的指标共 32 个,观测频度为每 5 年 1 次的指标共 28 个。每 5 年观测 1 次的指标,要求每逢年份尾数为 1 或 6 的年度观测,如 2016 年、2021 年等。

3.5　鸡公山森林生态系统长期定位观测方法

森林生态系统长期定位观测方法是指以生态系统生态学理论为基础,针对野外观测研究的关键科学问题,明确与之相关的野外观测内容,制定出科学、具体、完善、系统的长期观测、样品采集、数据处理等行之有效的方法。

3.5.1　鸡公山森林气象常规指标观测

3.5.1.1　观测目的

在鸡公山森林生态系统典型区域内,通过对温度、湿度、风、气压、降水、辐射等常规气象因子进行系统、连续观测,获得具有代表性、准确性和比较性的林区气象资料,了解鸡公山区域气象因子变化规律,进而揭示影响森林植被生长发育的关键气象因子,并为研究森林对气候变化的响应提供基础数据。

3.5.1.2 观测场建设

森林气象观测设施建设对于森林生态系统结构与功能及其环境效应的研究极为重要。建立森林生态系统地面气象观测设施是一项非常重要的工作,它是整个森林生态系统观测和研究的基础,对观测场选址、观测仪器选型、环境条件、观测方法,应严格按照相关标准规范要求进行设计、施工建设。

观测场应设在能较好地反映鸡公山较大范围气象要素特点的地方,避免局部地形的影响;观测场四周必须空旷平坦,避免设在陡坡、洼地或临近有公路、高大建筑物的地方;观测场应设在当地常年最多风向的上风方向。观测场四周 10 m 范围内不能有高大植被。

观测场规格为 25 m(东西向)×25 m(南北向),场地应平整,有均匀草层(草高 < 20 cm)。场内禁止种植作物,保持自然状态,铺设 0.3 ~ 0.5 m 宽的简易观测小路,观测人员仅在小路上行走。观测场四周设高度 1.2 m 的稀疏围栏,保持气流畅通;经常清除场上的杂物、剪修草被。

观测场门开在北面,场内设置 1 套气象自动观测系统。观测场内仪器设施的布置要注意互不影响,便于观测操作。高的仪器设施安置在北面,低的仪器设施安置在南面;各仪器设施东西排列成行、南北布设成列,相互之间东西间隔大于 4 m、南北间隔大于 3 m,仪器距观测场边缘护栏大于 3 m,仪器安置在紧靠东西向小路的南面,观测人员从北面接近仪器。

3.5.1.3 观测方法

1. 气压

气压指单位面积上的大气压力,等于单位面积上向上延伸到大气上界的垂直空气柱重量。

测量范围:300 ~ 1 100 hPa;精度:1.5 hPa;分辨率:0.1 hPa

由气象站自动观测记录,见表3-4。

表 3-4　气压数据表　　　　　　　　　　　　(单位:hPa)

年	月	日	1时	2时	3时	4时	5时	6时	7时	8时	9时	10时	11时	12时	13时	14时	15时	16时	17时	18时	19时	20时	21时	22时	23时	24时

2. 风速风向

风速指空气相对于地球某一固定地点的运动速率。测量范围:0 ~ 75 m/s;精度:±1.1 m/s;分辨率:0.05 m/s,10 m 处风速数据表见表3-5。

表 3-5 10 m 处风速数据表 （单位:m/s）

年	月	日	1时	2时	3时	4时	5时	6时	7时	8时	9时	10时	11时	12时	13时	14时	15时	16时	17时	18时	19时	20时	21时	22时	23时	24时

风向是指风吹来的方向。测量范围:0°~360°;精度:1°。

风速风向由气象站自动观测记录,见表3-6。

表 3-6 10 m 处风向数据表 （°）

年	月	日	1时	2时	3时	4时	5时	6时	7时	8时	9时	10时	11时	12时	13时	14时	15时	16时	17时	18时	19时	20时	21时	22时	23时	24时

3. 空气温度

空气温度是表示空气冷热程度的物理量,包括最高温度、最低温度和定时温度。

测量范围: -40 ~ +75 ℃;精度: ±0.7 ℃;分辨率:0.1 ℃。

空气温度由气象站自动观测记录。最高温度、最低温度均由定时值获取,见表3-7。

表 3-7 空气温度数据表 （单位:℃）

年	月	日	1时	2时	3时	4时	5时	6时	7时	8时	9时	10时	11时	12时	13时	14时	15时	16时	17时	18时	19时	20时	21时	22时	23时	24时

4. 地表面和不同深度的土壤温度

地表面温度包括地表最高温度、最低温度和地表定时温度。空气温度由气象站自动观测记录。地表最高温度、最低温度均由定时值获取。

地面以下土壤中的温度:主要指与植物生长发育直接有关的地面下浅层内的温度,包括 10 cm、20 cm、30 cm、40 cm 深度土壤温度。

地表面和不同深度的土壤温度均由气象站自动观测记录,见表3-8。

表 3-8 　地表、10 cm、20 cm、30 cm、40 cm 深度土壤温度数据表　　　（单位：℃）

深度	年	月	日	1时	2时	3时	4时	5时	6时	7时	8时	9时	10时	11时	12时	13时	14时	15时	16时	17时	18时	19时	20时	21时	22时	23时	24时
地表																										
10 cm																										
20 cm																										
30 cm																										
40 cm																										

5. 空气相对湿度

空气相对湿度（RH，%）指空气中水汽压与饱和水汽压的百分比，也就是湿空气中水蒸气分压力与相同温度下水的饱和压力之比。

测量范围：0～100%；RH 精度：±3%；分辨率：0.5%。

由气象站自动观测记录，见表 3-9。

表 3-9 　空气湿度数据表　　　　　　　　　　　　　　　（%）

年	月	日	1时	2时	3时	4时	5时	6时	7时	8时	9时	10时	11时	12时	13时	14时	15时	16时	17时	18时	19时	20时	21时	22时	23时	24时

6. 辐射

总辐射量（W/m²）：是指在特定时间内水平面上太阳辐射的累计值，常用的统计值有日总量、月总量、年总量。

测量范围：0～1 280 W/m²；精度：±10 W/m²；分辨率：1.25 W/m²。

日照时数（h）：是指太阳每天在垂直于其光线的平面上的辐射强度超过或等于 120 W/m² 的时间长度。

光合有效辐射：绿色植物进行光合作用过程中，吸收的太阳辐射中使叶绿素分子呈激发状态的那部分光谱能量。波长为 380～710 nm，单位为 μmol/（m²·s）。光合有效辐射是植物生命活动、有机物质合成和产量形成的能量来源。

测量范围：0～2 500 μmol/（m²·s）；精度：±5 μmol/（m²·s）；分辨率：2.5 μmol/（m²·s）。

总辐射量、日照时数、光合有效辐射数据表见表 3-10。

净辐射（W/m²）：由天空（包括太阳和大气）向下投射的全波段辐射量和由地表（包括土壤、植物、水面）向上投射的全波段辐射量之差称为净辐射。

表 3-10　总辐射量、日照时数、光合有效辐射数据表

项目	年	月	日	1时	2时	3时	4时	5时	6时	7时	8时	9时	10时	11时	12时	13时	14时	15时	16时	17时	18时	19时	20时	21时	22时	23时	24时
总辐射量（W/m²）																										
日照时数(h)																										
光合有效辐射［μmol/(m²·s)］																										

UVA/UVB 辐射量（W/m²）：长波紫外线与中波紫外线辐射量之比。最常见的紫外线辐射主要来源于太阳辐射，根据波长可把紫外线分为长波紫外线（Ultra Violet A，UVA）、中波紫外线（UltraViolet B，UVB）和短波紫外线（UltraViolet C，UVC），对应波长分别为 320～400 nm、280～320 nm、100～280 nm 的能量来源。净辐射量、UVA/UVB 辐射量数据表见表 3-11。

表 3-11　净辐射量、UVA/UVB 辐射量数据表　　　　　（单位：W/m²）

年	月	日	1时	2时	3时	4时	5时	6时	7时	8时	9时	10时	11时	12时	13时	14时	15时	16时	17时	18时	19时	20时	21时	22时	23时	24时

7. 大气降水

大气降水量（mm）是指一定时间内，降落到水平面上，假定无渗漏、不流失，也不蒸发，累积起来的水的深度，是衡量一个地区降水多少的数据指标。

降水强度（mm）是指单位时间或某一时段的降水量。

最大量程：100 mm/h；精度：±1.0%；分辨率：0.2 mm。

由观测场翻斗式雨量计自动观测记录，见表 3-12。

表 3-12　降水量数据表　　　　　（单位：mm）

年	月	日	1时	2时	3时	4时	5时	6时	7时	8时	9时	10时	11时	12时	13时	14时	15时	16时	17时	18时	19时	20时	21时	22时	23时	24时

8. 水面蒸发

水面蒸发是水面的水分从液态转化为气态逸出水面的过程。水面蒸发包括水分化汽

(又称汽化)和水汽扩散两个过程。

测量范围:0~10 mm/h;精度:±1.0%;分辨率:0.1 mm。

通过与气象站相连的水面蒸发器自动观测记录,见表3-13。

表3-13　水面蒸发量数据表　　　　　　　　　　　　(单位:mm)

年	月	日	1时	2时	3时	4时	5时	6时	7时	8时	9时	10时	11时	12时	13时	14时	15时	16时	17时	18时	19时	20时	21时	22时	23时	24时

9. 空气质量

空气负离子:当自由电子与其他中性气体分子结合后,就形成带负电荷的空气负离子。森林负离子主要包括空气水分子中的氧离子 $O_2^-(H_2O)_n$、氢氧根离子 $OH_2^-(H_2O)_n$、碳酸根离子 $CO_4^-(H_2O)_n$ 等负离子。

在选定的观测点对森林空气负离子浓度(个/cm^3)进行连续自动观测,见表3-14。

观测仪器:负离子检测仪、量子级联激光探测器系统、大或中流量采样器、孔口流量计等。

气溶胶 PM_{10}、$PM_{2.5}$ 等颗粒物:PM_{10}(可吸入颗粒物)是指环境空气中,空气动力学直径当量≤10 μm 的颗粒物;$PM_{2.5}$(细颗粒物)是指环境空气中,空气动力学直径当量≤2.5 μm 的颗粒物。PM_{10}、$PM_{2.5}$ 等颗粒物浓度单位为 μg/m^3。

观测方法:$PM_{2.5}$/PM_{10}颗粒物监测仪自动观测记录,见表3-14。

表3-14　空气负离子、PM_{10}和$PM_{2.5}$颗粒物浓度数据表

项目	年	月	日	1时	2时	3时	4时	5时	6时	7时	8时	9时	10时	11时	12时	13时	14时	15时	16时	17时	18时	19时	20时	21时	22时	23时	24时
空气负离子(个/cm^3)																											
PM_{10}(μg/m^3)																												
$PM_{2.5}$(μg/m^3)																												

3.5.2　鸡公山森林土壤理化性质指标观测

3.5.2.1　观测目的

通过对森林生态系统土壤理化性质指标的长期连续观测,了解森林生态系统土壤发育状况及其理化性质的空间异质性,分析森林生态系统土壤与植被和环境因子之间的相互影响过程,为深入研究森林生态系统各生态学过程与森林土壤之间的相互作用,充分认识土壤在森林生态系统中的功能提供科学依据。

3.5.2.2　观测内容

土壤物理性质:土壤层次、厚度、颜色、颗粒组成、容重、含水量、饱和持水量、田间持水量、总孔隙度、毛管孔隙度、非毛管孔隙度、入渗率、导水率、质地、结构和紧实度等。

土壤化学性质:土壤 pH 值、阳离子交换量、交换性钙和镁、交换性钾和钠、交换性酸量、交换性盐基总量、碳酸盐量、有机质、水溶性盐分、全氮、水解氮、铵态氮、硝态氮、全磷、有效磷、全钾、速效钾、缓效钾、全镁、有效态镁、全钙、有效钙、全硫、有效硫、全硼、有效硼、全锌、有效锌、全锰、有效锰、全钼、有效钼、全铜、有效铜等。

3.5.2.3　样地设置与采样方法

1. 样地设置

选择样地前,了解试验地区的基本概况,包括地形、水文、森林类型、林业生产情况等,并制定采样区位信息表。同时,样地应符合以下几个条件:

(1)具有完善的保护制度,可以保障长期研究,而不被人为干扰或破坏。

(2)具有典型优势种组成的区域。

(3)具有代表性的森林生态系统,并应包涵森林变异性。

(4)宽阔的地带,不宜跨越道路、沟谷和山脊等。

在确定采样区之后,根据森林面积的大小、地形、土壤水分、肥力等特征,在林内坡面上部、中部、下部与等高线平行各设置一条样线,在样线上选择具有代表性的地段,设置 $0.1 \sim 1 \text{ hm}^2$ 样地。样地内同时分别设置 $3 \sim 5$ 个 $10 \text{ m} \times 10 \text{ m}$ 乔木调查样方、$2 \text{ m} \times 2 \text{ m}$ 灌木调查样方和 $1 \text{ m} \times 1 \text{ m}$ 草本调查小样方。

2. 采样点设置

采样点布设有以下三种方法:

(1)对角线采样法:适用于样地平整,肥力较均匀的样地,采样点不少于 5 个。

(2)棋盘式采样法:样地平整,而肥力不均匀的样地宜用此法,采样点不少于 40 个。

(3)蛇形采样法:地势不太平坦,肥力不均匀的样地按此法采样,在样地间曲折前进来分布样点,采样点数根据面积大小确定。

3. 土壤样品采集方法

采样前需准备小土铲、土钻、铁锹、十字镐、剖面刀、钢卷尺、手持式 GPS 定位仪、地质罗盘仪、相机、便携式土壤坚实度分析仪、样品袋、环刀、铝盒、土壤筛、塑料布、记号笔、枝剪、样品标签、采样记录表、瓷盘、1:3盐酸、混合指标剂、背包等采样工具。

在设置好的采样点,先挖一个 $0.8 \text{ m} \times 1.0 \text{ m}$ 的长方形土壤剖面。坡地上应顺坡挖掘,坡上面为观测面;平整地将长方形较窄的向阳面作为观测面,观测面植被不应破坏,挖出的土壤应按层次放在剖面两侧,以便按原来层次回填。剖面的深度根据具体情况确定,一般要求达到母质层。剖面一端垂直削平,另一端挖成梯形,以便于观察记载。

先观察土壤剖面的层次、厚度、颜色、湿度、结构、紧实度、质地、植物根系分布等,然后自上而下划分土层,并进行剖面特征的观察记载。

按发生层分层采集土样。应按先下后上的原则采取土样,以免混杂土壤。为克服层次间的过渡现象,采样时应在各层的中部采集,采集的土样供土壤化学性质测定。

将同一层次多样点采集的质量大致相当的土样置于塑料布上,剔除石砾、植被残根等杂物,混匀后利用四分法将多余的土壤样品弃除,一般保留 1 kg 左右土样为宜。

将采集的土样装入袋内。土袋内外附上标签,标签上记载样方号、采样地点、采集深度、采集日期和采集人等。

同时用环刀在各层取原状土样,测定土壤容重、孔隙度等土壤物理性质。观察和采样结束后,按原分布层次回填土壤,以减轻人为干扰。

3.5.2.4 观测方法

1. 枯落物厚度

在林内分上、中、下坡位各均匀布置面积为 1 m×1 m 的样方 5 个;在取样点用钢卷尺量出一个边长为 1 m 的正方形,用小铲子划出边界,用砍刀、枝剪等工具细心除去样方内植物活体部分,用钢卷尺测量各层厚度。

表 3-15　森林枯落物数据表

年	月	日	样地编码	总厚度(mm)	半分解层(mm)	未分解层(mm)	枯落物含水率(%)	备注

2. 土壤颗粒组成

将采集的土样平铺在阴凉处自然风干,然后放入土壤筛中,按粒径大小分级,并记录每级土样的重量,将粒径≤0.25 mm 的土样利用比重法、吸管法或激光粒径粒形分析仪继续按粒径大小分级。

3. 土壤容重

土壤容重是指土壤在未受到破坏的自然结构的情况下,单位体积中的重量,通常用环刀法测定,以 g/cm³ 表示。

表 3-16　土壤物理性质数据表(%)

年	月	日	样地编码	样品编码	1～0.05 mm 砂粒百分率	0.05～0.01 mm 粉粒百分率	小于0.01 mm 黏粒百分率	大于1 mm 石砾百分率	土壤容重(g/cm³)	毛管孔隙度	非毛管孔隙度

4. 土壤 pH

土壤 pH 是土壤溶液中氢离子活度的负对数值,是土壤酸碱度的定量反映。

采用土壤 pH 测量仪、pH 计等仪器,电位法测定。

5. 土壤有机质

土壤有机质是土壤中来源于生物体的所有非矿物质的总称。

采用重铬酸钾氧化 – 外加热法测定。利用油浴加热消煮的方法来加速有机质的氧化,使土壤有机质中的碳氧化成二氧化碳,而重铬酸根离子被还原成三价铬离子,剩余的重铬酸钾用二价铁的标准溶液滴定,根据有机碳被氧化前后重铬酸根离子数量的变化,就可算出有机碳或有机质的含量。

6. 土壤全氮

土壤全氮指土壤中各种形态氮素含量之和,包括有机态氮和无机态氮量,但不包括土壤空气中的分子态氮及气态氮化物。

采用半微量凯氏法和扩散法测定。土壤中的全氮在硫酸铜、硫酸钾与硒粉的存在下,用浓硫酸消煮,使其转变为硫酸铵,然后用氢氧化钠碱化,加热蒸馏出氨,经硼酸吸收,用标准酸滴定测其含量。

7. 土壤水解氮

土壤水解氮,又称易分解性氮、潜在有效氮,指土壤中易水解的含氮有机化合物所含的氮。

采用碱解 – 扩散法测定。用 1.8 mol/L 氢氧化钠溶液处理土壤,由于森林土壤中硝态氮含量较高,须加还原剂还原,在扩散皿中,土壤于碱性条件下进行水解,使易水解态氮经碱解转化为氨态氮,扩散后由硼酸溶液吸收,用标准酸滴定,计算碱解氮的含量。

8. 土壤亚硝态氮

土壤亚硝态氮是指土壤中以 NO_2^- 形态存在的氮素,是土壤中硝化作用的中间产物。

采用氯化钾溶液提取 – 分光光度法测定。氯化钾溶液提取土壤中的亚硝酸盐氮。在酸性条件下,提取液中的亚硝酸盐氮与磺胺反应生成重氮盐,再与盐酸 N – (1 – 萘基) – 乙二胺偶联生成红色染料,在波长 543 nm 处具有最大吸收。在一定浓度范围内,亚硝酸盐氮浓度与吸光度值符合朗伯 – 比尔定律。

9. 土壤全磷

土壤全磷指土壤中各种形态磷含量之和。

采用碱熔 – 钼锑抗比色法测定。样品在银钳锅中用氢氧化钠溶液高温熔融是分解土壤全磷(或全钾)比较安全和简便的方法。样品经强碱熔融分解后,其中的不溶性磷酸盐转变成可溶性磷酸盐。待测液供测定全磷(或全钾)用。待测液在一定酸度和三价锑离子存在下,其中的磷酸与钼酸铁形成锑磷钼混合杂多酸,被抗坏血酸还原为磷钼蓝,使显色速度加快,用比色法测定磷含量。

10. 土壤有效磷

土壤有效磷,又称速效磷,是指在植物生长期内能够被植物根系吸收的土壤磷,是衡量土壤磷素供应水平的指标之一。土壤中的有效磷包括土壤溶液中的磷、弱吸附态磷、交换性磷及易溶性固体磷酸盐等。

采用盐酸和硫酸溶液浸提法测定。以盐酸和硫酸溶液浸提酸性森林土壤样品,使这类土壤中比较活性的磷酸铁、铝盐陆续被溶解释放,适用于质地较轻的酸性森林土壤有效磷的测定。

11. 土壤全钾

土壤全钾指土壤中各种形态钾含量的总和。

采用银钳锅碱熔 – 火焰光度法测定。样品在银钳锅中用氢氧化钠高温熔融,用水溶解熔融物。待测液用火焰光度法测钾。从钾标准溶液浓度和检流计读数做的工作曲线,即可查出待测液的钾浓度,然后计算样品的钾含量。

12. 土壤速效钾

土壤速效钾指土壤中容易被植物吸收利用的钾素。

采用乙酸铵浸提 – 火焰光度法测定。以中性 1 mol/L 乙酸铵溶液为浸提剂,铵离子与土壤胶体表面的钾离子进行交换,连同水溶性钾离子一起进入溶液。浸出液中的钾可直接用火焰光度计测定。本方法测定结果在非石灰性土壤中为交换性钾,而在石灰性土壤中则为交换性钾加水溶性钾。

13. 土壤缓效钾

土壤缓效钾主要是指层状硅酸盐矿物层间和颗粒边缘那一部分钾素。

采用火焰光度法测定。以 1 mol/L 硝酸溶液煮沸释放出土壤中的缓效钾。该方法具有浸提时间短、耗用试剂量小和多次测定的变异系数较小等优点。土壤缓效钾常被作为衡量土壤钾素供应潜力的指标。1 mol/L 硝酸煮沸法浸出钾量减去速效钾量后即为缓效钾含量。

土壤化学性质数据表见表3-17。

表3-17 土壤化学性质数据表 （单位:% ,mg/kg）

年	月	日	样地编码	样品编码	pH	土壤有机质	全氮	水解氮	亚硝态氮	全磷	有效磷	全钾	速效钾	缓效钾

14. 土壤阳离子交换量

土壤阳离子交换量指土壤所能吸收保持交换性阳离子的最大量。单位:mmol/kg。

测定仪器:土壤阳离子交换量检测仪。采用乙酸铵交换法和氯化铵 – 乙酸铵交换法测定。用 1 mol/L 乙酸铵溶液(pH 7.0)反复处理土壤,使土壤成为 NH_4^+ 饱和土。用乙醇洗去多余的乙酸铵后,用水将土壤洗入凯氏瓶中,加固体氧化镁蒸馏。蒸馏出的氨用硼酸溶液吸收,然后用盐酸标准溶液滴定。根据 NH_4^+ 的量计算阳离子交换量。本方法适用于酸性与中性森林土壤中阳离子交换量的测定。

15. 土壤交换性钙和镁

土壤交换性钙和镁指土壤吸收复合体吸附的碱金属和碱金属离子(Ca^{2+} 、Mg^{2+})的总和。

测定仪器:原子吸收光度计。采用乙酸铵交换 – 原子吸收分光光度法测定。以 1 mol/L 乙酸铵为土壤交换剂,用原子吸收分光光度计法测定土壤交换性钙、镁时,所用的钙、镁标准溶液中应加入同量的 1 mol/L 乙酸铵溶液,以消除基体效应。此外,在土壤浸出液中,还应加入释放剂锶(Sr),以消除铝、磷和硅对钙测定的干扰。

16. 土壤交换性钾和钠

土壤交换性钾和钠指土壤吸收复合体吸附的碱金属和碱金属离子(K^+ 、Na^+)的总和。

测定仪器:火焰光度仪。采用乙酸铵交换 – 火焰光度法测定。用 1 mol/L 乙酸铵溶液交换的土壤浸出液,直接在火焰光度计上测定钾和钠,从工作曲线上查出相应的浓度(pg/mL),钾和钠的标准溶液必须用 1 mol/L 乙酸铵溶液配制。

17. 土壤交换性酸量

土壤交换性酸量:土壤中永久负电荷吸引的交换性氢、铝,经阳离子交换反应转入土壤溶液后才表现出来酸度,是交换性氢、铝的总和。

采用淋洗法测定。用 1 mol/L 氯化钾溶液淋洗酸性土壤时,土壤永久负电荷引起的酸度(交换性 H^+ 和 Al^{3+})被 K^+ 交换而进入溶液,当用氢氧化钠标准溶液直接滴定浸出液时,不但滴定了土壤原有的交换性 H^+,也滴定了交换性 Al^{3+} 水解产生的 H^+,所得结果为交换性 H^+ 及 Al^{3+} 的总和,称为交换性酸总量。另取一份浸出液,加入足量的氟化钠溶液,使 Al^{3+} 形成 $(AlF_6)^{3-}$ 络离子,从而防止 Al^{3+} 的水解,再用氢氧化钠标准溶液滴定,所得结果为交换性 H^+。两者之差为交换性 Al^{3+}。

18. 土壤交换性盐基总量

土壤交换性盐基总量指土壤胶体吸附的碱金属离子和碱土金属离子(K^+、Na^+、Ca^+、Mg^+)的总量。

采用 1 mol/L 乙酸铵交换 – 中和滴定法测定。土壤样品用 1 mol/L 乙酸铵溶液(pH0.7)浸提,经蒸干、灼烧,使乙酸铁分解逸出,其他乙酸盐转化为碳酸盐或氧化物。残渣溶解于一定量的 0.1 mol/L 盐酸标准溶液中,过量的盐酸以 0.05 mol/L 氢氧化钠标准溶液滴定,计算交换性盐基总量。

19. 土壤碳酸盐量

土壤碳酸盐量指土壤中所有无机碳酸盐的总和。土壤中无机碳酸盐主要是难溶性的方解石($CaCO_3$)和白云石($CaCO_3 \cdot MgCO_3$),一般以方解石为主。

用 C/N 分析仪测定。

土壤交换量数据表见表 3-18。

表 3-18　土壤交换量数据表　　　　　　　　　　　　（单位:mmol/kg）

年	月	日	样地编码	样品编码	阳离子交换量	交换性钙离子	交换性镁离子	交换性钾离子	交换性钠离子	交换性酸总量	交换性盐基总量	碳酸盐量

20. 土壤水溶性盐分

土壤水溶性盐分分析包括全盐量、碳酸根、重碳酸根、硫酸根、氯根、钙离子、镁离子、钾离子、钠离子和离子总量。

采用质量法或电导法测定。

质量法:准确吸取一定量的土壤水浸出液。蒸干除去有机质后,在 105～110 ℃烘箱中烘干、称量,求出全盐量(mg/kg)。

电导法:土壤中的水溶性盐是强电介质,其水溶液具有导电作用。导电能力的强弱可用电导率表示。在一定的浓度范围内,溶液的含盐量与电导率呈正相关,含盐量越高,溶液的渗透压越大,电导率也越大。土壤浸出液的电导率可用电导仪测定,并直接用电导率的数值来表示土壤含盐量的高低。

土壤水溶性盐分数据表见表3-19。

表3-19　土壤水溶性盐分数据表　　　　　　（单位:%,mg/kg）

年	月	日	样地编码	样品编码	全盐量	碳酸根	重碳酸根	硫酸根	氯根	钙离子	镁离子	钾离子	钠离子

21. 土壤全镁

土壤全镁指土壤中各种形态镁的含量之和,即矿物态镁、非交换性镁、交换性镁、溶液态镁和有机态镁含量之和。

采用原子吸收分光光度计,EDTA 络合滴定法测定。

用 EDTA 滴定镁时,应首先调节待测液的适宜酸度,然后加镁指示剂进行滴定。滴定镁的指示剂很多,如酸性铬蓝 K – 萘酚绿 B 混合指示剂。

22. 土壤全钙

土壤全钙指土壤中各种形态钙含量之和,即矿物态钙、交换性钙和溶液态钙三者含量之和。

可采用 EDTA 络合滴定法测定。用 EDTA 滴定钙时,应首先调节待测液的适宜酸度,然后加钙指示剂进行滴定。滴定钙的指示剂很多,如采用酸性铬蓝 K – 萘酚绿 B 混合指示剂。

23. 土壤有效钙

土壤有效钙指土壤中能被植物吸收利用的钙。

采用原子吸收光谱仪,1.0 mol/L 乙酸铵溶液浸提,原子吸收光谱法测定。

24. 土壤全硫

土壤全硫指土壤中各种形态硫含量之和。

可用燃烧碘量法测定。土样在 1 250 ℃的管式高温电炉通入空气进行燃烧,使样品中的有机硫或硫酸盐中的硫形成二氧化硫逸出,以稀盐酸溶液吸收成亚硫酸,用标准碘酸钾溶液滴定,终点时生成的碘分子(I_2)与指示剂淀粉形成蓝色吸附物质,从而计算得全硫含量(mg/kg)。

25. 土壤有效硫

土壤有效硫指土壤中能被植物吸收利用的硫。包括土壤溶液中的硫酸盐、易溶性硫、吸附态硫及部分有机态硫。

用比浊法测定。浸提酸性土壤的有效硫,除能浸出酸溶性硫酸盐类以外,$H_2PO_4^-$ 能

置换出吸附性 SO_4^{2-}，Ca^{2+} 能抑制土壤有机质的浸出，并取得清亮的浸出液。浸出液中的少量有机质用 H_2O_2 氧化除尽后，即可用简单快速的 $BaSO_4$，比浊法测定 SO_4^{2-}。

26. 土壤全硼

土壤全硼指土壤中所含各种形态硼的总量，包括可溶性硼（水溶性硼和酸溶性硼）、吸附性硼、硅酸盐中的硼、有机态硼。

采用碳酸钠熔融 – 甲亚胺比色法测定。土壤中大部分硼存在于电气石中，电气石是复杂的酸不溶性铝硅酸盐，而且析出的硼酸，如果在酸性条件下加热与水蒸气一起挥发损失。所以，土壤全硼测定的样品分解都采用碳酸钠碱融法，熔融物用 1∶1 盐酸溶解，加饱和 $BaCO_3$ 溶液使溶液呈碱性，大量金属离子产生氢氧化物沉淀，分离除去干扰物质后用甲亚胺比色法测定。

27. 土壤有效硼

土壤有效硼指植物可以从土壤中吸收利用的硼。

采用沸水浸提 – 甲亚胺比色法测定。土样经沸水浸提 5 min，浸出液中的硼用甲亚胺比色法测定。甲亚胺比色法测硼是在弱酸性水溶液中生成黄色络合物（测定浓度范围在 0～10 mg/10 mL 内符合朗伯 – 比尔定律，灵敏度为 0.001 3 mg/mL），一般在显色 1 h 后比色，显色稳定时间长达 3 h。此法硝酸盐不干扰；铁、铝等金属离子的干扰可加 EDTA 和氨基三乙酸络合掩蔽。甲亚胺试剂可用 H 酸和水杨醛合成，亦可直接加入溶液进行测定。

28. 土壤全锌

土壤全锌指土壤中各种形态锌元素含量之和。

采用原子吸收光谱仪，原子吸收分光光度法测定。

29. 土壤有效锌

土壤有效锌指能被植物吸收利用的锌，包括水溶态锌、交换态锌、酸溶态锌和螯合态锌。

采用原子吸收光谱仪测定。原子吸收分光光度法测定锌的灵敏度高。使用乙炔 – 空气火焰时，用 213.8 nm 的共振线测定，检出下限是 0.001 p. g/mL 锌，灵敏度是 0.02 lag/mL 锌；无干扰现象，土壤中的有效锌可以用浸出液直接测定。

30. 土壤全锰

土壤全锰指土壤中各种形态锰的总量，包括水溶性锰、交换性锰、易还原性锰、有机态锰、矿物态锰。

运用原子吸收分光光度计，甲醛肟比色法测定。在 pH 值 10～14 的条件下，二价锰与甲醛肟反应生成红褐色的甲醛肟 – 锰络合物，在波长 455 nm 处有最大吸收。加入显色剂后，显色迅速，数分钟后即达完全，颜色稳定最少在 16 h 以上。铁与甲醛肟能形成褐色的甲醛肟 – 铁络合物，影响锰的测定，可加入盐酸经胺和 EDTA 消除铁的影响。

31. 土壤有效锰

土壤有效锰指能被植物吸收利用的锰，包括水溶性锰、交换性锰和易还原性锰。

采用高碘酸钾光度法测定。易还原性锰指对植物有效的部分高价锰的氧化物，主要是三价锰。可用含有还原性的 1 mol/L 中性乙酸铵溶液浸提。常用的还原剂有对苯二酚、连二亚硫酸钠或亚硫酸钠等,其中以对苯二酚最为常用。

32. 土壤全钼

土壤全钼指土壤中各种形态钼元素的含量之和,包括水溶性钼、交换性钼、有机态钼和难溶性钼(含钼原生矿物和次生矿物晶格中的钼)。

采用石墨炉原子吸收光谱仪,石墨炉原子吸收光谱法测定。土壤经硝酸-高氯酸消煮后,各种形态钼均被溶解。在 0.31 mol/L 硝酸介质中,用石墨炉原子吸收光谱法测定钼。

33. 土壤有效钼

土壤有效钼指能被植物吸收利用的钼,包括交换性钼及水溶性钼。

草酸-草酸铵浸提-硫氰化钾比色法测定。土壤中的钼可区分为水溶性钼、交换性钼、难溶性钼及有机结合态钼四部分。能被植物吸收的钼,可用草酸-草酸铵溶液浸提,该浸提剂的缓冲容量较大,基本上适用于各种类型的土壤。

极谱仪测定:利用铝-苯乙酸-氯酸盐-硫酸体系的极谱催化波来测定微量钼的效果很好,测定结果远较硫氰化钾(KCNS)比色法灵敏(最低可检出 0.06 ng 钼),稳定而且易于掌握。

34. 土壤全铜

土壤全铜指土壤中各种形态铜含量的总和。

采用原子吸收分光光度法测定。土壤经硝酸-高氯酸分解,各种形态的铜都转入溶液中,在 0.16 mol/L 硝酸介质中,与原子吸收分光光度计上,以塞曼效应校正法或连续光谱灯背景校正法校正背景,在空气-乙炔火焰中原子化,用直接测定法测量铜 324.8 mm 波长的原子吸收。

35. 土壤有效铜

土壤中交换态铜、酸溶态铜或螯合态铜均为有效态铜。

采用原子吸收分光光度法测定。

土壤化学性质数据表见表 3-20。

表 3-20　土壤化学性质数据表

年	月	日	样地编码	样品编码	全镁(%)	有效镁(mg/kg)	全钙(%)	有效钙(mg/kg)	全硫(%)	有效硫(mg/kg)	全硼(%)	有效硼(mg/kg)	全锌(%)	有效锌(mg/kg)	全锰(%)	有效锰(mg/kg)	全钼(%)	有效钼(mg/kg)	全铜(%)	有效铜(mg/kg)

3.5.3　鸡公山森林生态系统的健康与可持续发展指标观测

森林生态系统的健康与可持续发展是指森林生态系统在保障正常的生态服务功能,

满足合理的人类需求的同时,维持自身持续向前发展的能力和状态,它主要包括森林生态系统的整合性、稳定性和可持续性。即森林生态系统有能力进行资源更新,具有忍耐和抵御能力,受破坏后在生物和非生物因素(如病虫害、环境污染、营林活动、林产品收获等)的胁迫作用下可自主恢复并能够保持其生态恢复力,而且能够满足现在和将来人类对森林资源、产品和生态服务等不同层次的需求。

3.5.3.1　观测目的

通过对人类活动或自然因素所引起森林生态系统退化和破坏所造成的森林生态系统结构紊乱和功能失调的诊断,获得一个实用、有效、可操作性的观测指标体系。同时对森林生态系统生产力水平、结构状态、抵抗外界干扰能力以及服务功能进行观测评估,揭示森林生态系统的健康状况,推动森林生态系统管理目标的实现。

3.5.3.2　观测方法

1. 国家或地方保护动植物的种类、数量

对照国家一、二级保护野生动植物名录计数统计。

2. 地方特有物种的种类、数量

对照地方特有物种名录计数统计,见表 3-21。

表 3-21　国家或地方保护动植物数据表

年	月	日	动植物中文名	动植物拉丁名	保护级别	是否地方特有物种	保护动植物数量

3. 动植物编目

按动植物类别分别计数统计,见表 3-22、表 3-23。

表 3-22　动物编目数据表

年	月	日	观测区域描述	动物类别	动物名称	拉丁名

表 3-23　植物编目数据表

年	月	日	观测区域描述	植物类别	植物名称	拉丁名

4. 有害昆虫与天敌的种类

调查有害昆虫与天敌的种类。

5. 受到有害昆虫危害的植株占总植株的百分率

按照(受到有害昆虫危害的植株/总植株)×100%计算。

6. 有害昆虫的植株虫口密度和森林受害面积

有害昆虫的植株虫口密度:指每单位面积森林虫子的数量,一般用每公顷虫子的数量表示;也可用每株植株虫子个数计算,每株虫数=调查总虫数/调查总株数。

森林受害面积指遭受灾害的森林面积。不论林木的损毁程度如何,只要是因为自然灾害(如火灾)和病虫害(如松毛虫)造成了森林内林木损失,均应统计为受灾害损失的面积。

7. 植物受感染的菌类种

调查森林内受感染的菌类种。

8. 受到菌类感染的植株占总植株的百分率

按照(受到菌类感染的植株/总植株)×100%计算,见表3-24。

表3-24　病虫害的发生与危害数据表

年	月	日	样地编码	有害昆虫种类	天敌种类	病虫害危害百分率（%）	虫口密度（个/hm²）	森林受害面积（hm²）	菌类种类	菌类感染百分率（%）	菌类感染森林面积（hm²）

9. 林地土壤的侵蚀强度和侵蚀模数

林地土壤侵蚀模数:单位面积土壤及土壤母质在单位时间内侵蚀量的大小,是表征土壤侵蚀强度的指标,用以反映某区域单位时间内侵蚀强度的大小。

观测方法:按照中华人民共和国水利部行业标准《水土保持监测技术规程》(SL 277—2002)进行观测,见表3-25。

表3-25　水土资源保持数据表　　　　　　　　[单位:t/(km² · a)]

年	月	日	样地编码	侵蚀强度/级	侵蚀模数

侵蚀强度分级赋值标准:林地土壤的侵蚀强度 <2 500 t/(km² · a)为3,2 500~8 000 t/(km² · a)为2,>8 000 t/(km² · a)为1。

10. 对森林造成危害的干、湿沉降组成成分

采样点设置：林外干湿沉降采样点应布设在研究区典型林分外的空地内。采样点四周无遮挡雨、雪、风的高大树木，并考虑风向（顺风、背风）和地形等因素的影响。林内干湿沉降采样点应布设在研究区典型林分内。

干沉降采样方法：干沉降集尘缸（罐）集器具在使用前用 10%（体积分数）的盐酸浸泡 24 h 后，用去离子水清洗干净，密封携至采样点。也可用洁净的塑料容器，容器底部装上玻璃、不锈钢等干燥光洁物作为沉降面，在林中放置 1 个月，采集非降水期的干性物质。

湿沉降采样方法：用收集器收集大于 0.5 mm 的降水后，同时根据样品的体积加入 0.4%（V/V）的 $CHCl_3$，振荡混匀，于阴凉干燥处保存；收集器用去离子水冲洗干净，再用塑料袋包好，保存前应贴上标签，并记录采样时间、地点、风向、风速、大气压、降水量、降水起止时间。

11. 大气降水的酸度（pH 值）

用于描述观测区域降水的 pH 大小及酸雨污染程度。

观测方法：将塑料桶用清水冲洗干净，自然晾干；降水时，将准备好的塑料桶放到室外开阔地接取雨水（雪），避开污染源；每隔 10 min 用烧杯取雨水（或雪）少许，立即用 pH 试纸测定降雨（雪）的 pH 值，等间隔监测 5 ~ 6 次或更长时间；记录实验结果，并绘制降雨（雪）pH 变化曲线。

酸雨赋值标准：pH6.5 为 3，pH5.0 ~ 6.5 为 2，pH < 5.0 为 1。

12. 林木受污染物危害的程度

观测方法按照中华人民共和国国家标准《环境空气质量标准》（GB 3095—2012）执行。

赋值标准：Ⅰ级为轻度，赋值为 3，Ⅱ为较严重，赋值为 2，Ⅲ级为严重，赋值为 1。

13. 与森林有关的灾害的发生情况

记录森林流域每年发生洪水的次数和危害程度以及森林发生其他灾害的时间和程度，包括冻害、风害、干旱、火灾等，见表 3-26。

表 3-26　其他危害数据表　　　　　　　　　　　　　　　　　　（%）

年	月	日	样地编码	干湿沉降种类	干湿沉降浓度	大气降水pH 值	污染程度	洪水危害程度	火灾危害程度	冻害程度	干旱危害程度

（1）水灾危害程度：未发生水灾为无灾害，发生水灾危害面积占总面积的百分比 < 10% 为轻微害，发生水灾危害面积占总面积的百分比 ≥ 10% 为重危害。

水灾危害程度赋值标准：无危害为 3，轻危害为 2，重危害为 1。

（2）旱灾危害程度：未发生旱灾为无灾害，发生旱灾危害面积占总面积的百分比 <

10%为轻危害,发生旱灾危害面积占总面积的百分比≥10%为重危害。

旱灾危害程度赋值标准:无危害为3,轻危害为2,重危害为1。

(3)火灾发生程度:未发生火灾为无危害,发生火灾形成2处及2处以下林窗或形成林窗面积比<5%为轻危害,发生火灾形成2处以上林窗或形成林窗面积比≥5%为重危害。

火灾危害程度赋值标准:无危害为3,轻危害为2,重危害为1。

3.5.4 鸡公山森林水文指标观测

3.5.4.1 森林生态系统水量空间分配格局观测

1. 观测目的

通过定量观测研究林冠层截留率、树干径流率、凋落物和土壤层的渗透和蓄水能力,对森林生态系统不同层次水量空间分配格局及水量平衡分析,揭示森林生态系统水文要素的时空规律,为研究森林植被变化对水分的分配和径流的调节提供基础数据。

2. 观测场设置

选取典型森林植被为基本观测对象,围绕典型森林植被林冠层、凋落物层和土壤层,设置地表径流场、穿透降水和树干径流观测样地等设施。

3. 穿透降水量观测

林内穿透降水量是指降水穿过林冠层,直接降落到林地表面上的这部分水量以及由于表面张力和重力失去平衡或由于风吹动而从林冠滴下的水量。

观测仪器:自记雨量计。

观测方法:集水槽观测法。

在样地内随机安置5个沟槽状雨水收集器,同时在林分外空旷地上安置1个雨水收集器作为对照。雨水收集器底部出水口通过聚乙烯管与自记雨量计相连。可通过自记雨量计连续记录穿透水量。样地内通过实际观测得到的值即为穿透水量,其对照值为总降水量,见表3-27。

表3-27 林内穿透降水量数据表 （单位:mm）

年	月	日	1时	2时	3时	4时	5时	6时	7时	8时	9时	10时	11时	12时	13时	14时	15时	16时	17时	18时	19时	20时	21时	22时	23时	24时

4. 树干径流量观测

树干径流量是指降水穿过林冠层,经过林冠截留作用后,枝叶上的截留雨量沿树干汇集流至根部的这部分降水量。

观测仪器:自动采集式翻斗流量计。

观测方法:径阶标准木法。

调查观测样地内所有树木的胸径,按重要值和径阶选取标准木,一般按 4 cm 划分为一个径阶,从中选取 5~6 株标准木,加权计算各径级和林分的径流量,见表 3-28。

在树干约 1.3 m 处用一端剖开的聚乙烯管缠绕样树,缠绕时与水平面呈 30°角,缠绕树干 2~3 圈,固定并封严胶管和树干之间的空隙,用胶管将水分引出至地面安装的翻斗流量计。要经常检查聚乙烯管是否堵塞和破损,使收集管始终处于正常使用状态。降水后,可通过自动采集式翻斗流量计连续观测记录树干径流量。

表 3-28　树干径流量数据表

年	月	日	样地编码	观测样株编号	观测样株描述(胸径 cm、树高 m、冠幅 m×m)	树种中文名	树种拉丁名	树干径流量(mm)

5. 坡面地表径流量观测

坡面地表径流量是指降落林地的雨水或融化雪水,经填洼、下渗、蒸发等损失后,在林地表面流入河道或迁移至小溪流的水量。

观测方法:坡面径流小区。

径流场选择应符合如下要求:

(1)径流场应选择在地形、坡向、土壤、土质、植被、地下水和土地利用情况具有当地代表性的典型地段上。

(2)坡面应处于自然状态,不应有土坑、道路、土堆及其他影响径流的障碍物。

(3)坡地的整个地段上应有一致性,无急剧转折的坡度,植被覆盖和土壤特征一致。

(4)林地的枯枝落叶层不应被破坏。

径流场建设:在观测场地中建立标准径流场,位置应尽量设置在坡面平整的坡地上。径流场尺寸一般宽 5 m,与等高线平行,水平投影长 20 m,水平投影面积 100 m²。但根据研究目的、气象、土壤、坡长等条件,也可对建造尺寸做适当调整。径流场四周用水泥砖墙围砌,高出地面 10 cm,地下部分埋设 30 cm。在径流场顺坡下方设置集水槽,在集水槽出水口,安装地表径流测量系统的平缓导流槽进行引流,确保对接严密无缝隙,承接全部径流小区出水。实验区在平整的坡面可以 2 个或更多的径流场并排在一起,合用围埂、集水槽等。

在导流槽下部连接处建水池,水池内安装与导流槽紧密相连的自动采集式翻斗流量计。降水后,可通过自动采集式翻斗流量计连续观测记录坡面径流量,见表 3-29。水池顺坡下方要留有排水口。

6. 流域径流量观测

流域径流量是指流域地表面的降水,如雨、雪等,沿某一流域的不同路径向河流、湖泊和海洋汇集的水流。

表 3-29　坡面径流量数据表

年	月	日	径流场编码	径流量(mm)

观测方法:通过在流域出水口处修建集水区测流堰进行观测。

集水区的设置应符合如下要求:

(1)设置的集水区植被、土壤、气候、立地因子及环境等自然条件应具有代表性。

(2)集水区的地形外貌和基岩要能完整地闭合,分水线明显,地表分水线和地下分水线一致,集水区的出水口收容性要尽量狭窄。

(3)集水区域的基地不透水,不宜选取地质断层带上、岩层破碎或有溶洞的地方。

(4)集水区面积大小视其集水区内各项因子的可控性,面积不宜太小或太大,不失去其代表性,一般为数公顷至数平方千米。

测流堰建设:一般根据当地的降雨量情况、流域面积大小、历年最大流量和最小流量等资料选择量水建筑物。鸡公山站建设测流堰类型为三角形(V形)薄壁堰。测流堰由测流堰渠、观测房、连接通道和静水井、消能区、堰板和沉沙池组成。观测房静水井内配置安装自计水位记录仪用于连续自动测定流域水位,由水位变化测算出径流量的变化,见表 3-30。

表 3-30　流域径流量数据表

年	月	日	测流堰(集水区)编码	流域名称	流域面积(hm^2)	流域径流量(mm)

7. 凋落物层含水量观测

采样点设置:在每个样地内坡面上部、中部、下部与等高线平行各设置一条样线。环境异质性较小的林分,每条样线上等距设 3 个采样点;环境异质性较大的林分,在每条样线上设置 5 个采样点。

现存凋落物(林地枯落物)采样:在样地内划定 1 m × 1 m 小样方,将小样方内所有现存凋落物按未分解层和半分解层分别收集,装入尼龙袋中,带回实验室。

观测方法:将样品用精密电子天平称重并记录,然后用烘箱在 70 ~ 80 ℃下将样品烘干至恒重,冷却后称重,得样品干重,以 mm 为单位表示的含水量多少,计算公式如下:

$$W_L = \frac{m_a - m}{\rho A_L} \times 10$$

式中　W_L——枯枝落叶层含水量,mm;

m_a——样品总质量,g;

m——烘干后样品质量,g;

ρ——水的密度,g/cm^3;

A_L——样方面积,cm^2。

8.地下水位观测

观测点的设置:

以能够控制所选集水区或流域地下水动态特征为原则,尽量利用已有的井、泉和勘探钻孔为观测点。

(1)用井做观测点时,应在地形平坦地段选择人为因素影响较小的井,井深要达到历年最低水位以下 3～5 m,以保证枯水期照常观测。井壁和井口必须坚固,最好用石砌,采用水泥加固。井底无严重淤塞,井口要能够设置水位观测固定定点基点,以进行高程观测。

(2)有实测井深资料,井底沉积物少,水位反应灵敏。

(3)井孔结构要清楚,滤水管位置能控制主要观测段的含水层。

水位观测要求:

(1)水位观测要从孔(井)口的固定基点量起,每次观测需要重复进行,其允许误差不超过 2 cm,取其平均值作为观测结果。

(2)将自记水位计放入测井,直至没入地下水面,设置数据记录时间间隔,定期采集数据。观测人员应经常校核仪器,及时消除误差。

地下水位数据表见表3-31。

表 3-31　地下水位数据表

年	月	日	观测设施编码	林型	自记水位计地下水埋深(m)	人工测量地下水埋深(m)	地面高程(m)	降水量(mm)

3.5.4.2　森林水质观测

1.观测目的

通过对森林生态系统水质参数的野外长期连续观测,了解森林生态系统中养分随降水和径流的输入输出规律以及污染物的迁移分布规律,分析研究森林生态系统对化学物质成分的吸附、储存、过滤及调节的过程,为阐明森林生态系统在改善和净化水质过程中的重要作用提供科学依据。

2.观测内容

水解氮、亚硝态氮、全磷、有效磷、COD、BOD、pH、泥沙浓度,见表3-32。

表 3-32　　水质数据表　　　　　　　　　（单位：mg/dm³）

年	月	日	采样（观测）点编码	水解氮	亚硝态氮	全磷	有效磷	COD	BOD	pH	泥沙浓度	备注

微量元素（B,Mn,Mo,Zn,Fe,Cu），重金属元素（Cd,Pb,Ni,Cr,Se,As,Ti），见表 3-33。

表 3-33　　水质（微量元素和重金属元素）数据表　　　　（单位：mg/m³）

年	月	日	采样（观测）点编码	B	Mn	Mo	Zn	Fe	Cu	Cd	Pb	Ni	Cr	Se	As	Ti	备注

3. 水样采集

按照相关标准规范应分别采集大气降水、穿透水、树干径流、枯落物层水、地表径流、土壤渗漏水和地下水样品。

4. 观测方法

目前水质分析主要采用以下两种方法：

（1）野外定期采集水样，带回实验室，用离子分析仪测定。

（2）应用便携式水质分析仪，在野外定期定点现场速测。

便携式水质分析仪：其结构由带有数据存储单元的便携式读表、多参数组合探头、离子选择电极和相应指标传感器共同组成。其工作原理为应用对某种特定离子具有选择性的指示电极作为水质参数的测量电极，然后将这些离子选择电极组合到一个探头上，采集其测量时产生的膜电势，换算成所测参数的浓度值，并存储于数据采集器中。

5. 采样容器的选择

采样容器应符合以下要求：

（1）水质采样容器应选用带盖的、化学性质稳定、不吸附待测组分、易清洗可反复使用并且大小和形状适宜的塑料容器（聚四氟乙烯、聚乙烯）或玻璃容器（石英、硼硅）。

（2）容器不应引起新的污染。

（3）容器壁不应吸收或吸附某些待测组分。

（4）容器不应与某些待测组分发生反应。

（5）测定对光敏感的组分，其水样应储存于深色容器中。

（6）所选容器以直径 20 cm、容积 2～5 L 为宜。

3.5.4.3　森林生态系统蒸散量观测

森林蒸散量主要是指林下土壤表面蒸发、植被蒸腾和树冠截留水分蒸发 3 个主要组成部分的总和。

1. 观测目的

通过长期连续定位观测单木树干液流量,了解不同树种的蒸腾耗水规律及其主导影响因子,基于单个和多个林分蒸散量的观测数据,掌握典型森林植被类型的水文动态变化规律及森林生态系统水文时空分布格局,为研究森林生态系统的水分耗散及水分利用效率提供基础数据。

2. 观测内容

单木树干液流量、单个林分蒸散量、多个林分蒸散量。

3. 观测方法

观测场设置:

(1)单木树干液流量观测场应设在研究区域的典型林分内,地势平坦,植被分布均匀。

(2)单个林分蒸散量观测场土壤、地形、地质、生物、水分和树种等条件具有广泛的代表性,要避开道路、小河、防火道、林缘,形状应为正方形或长方形,林木在 200 株以上。

(3)多个林分蒸散量观测场的测量路径长度要包含或覆盖单木树干液流和单个林分蒸散量观测点所在的典型林分,且路径中心位置尽量位于森林小气候观测塔附近。

观测仪器:采用树干液流计系统测量单木树干液流,蒸渗系统测量林分蒸散量,大孔径闪烁仪系统测量单个或多个林分的蒸散量。

森林蒸散量数据表见表 3-34。

表 3-34　森林蒸散量数据表　　　　　　　　　　　　　　　　（单位:mm）

年	月	日	样地编码	植被名称	白天蒸散总量	夜间蒸散总量	全天蒸散总量

3.5.5　鸡公山森林生态系统群落学特征指标观测

3.5.5.1　观测目的

通过选定具有代表群落基本特征的地段作为森林生态系统长期定位观测样地,获取森林生态系统结构参数的样地观测数据,为森林生态系统水文、土壤、气候等观测提供背景资料。同时,揭示森林生态系统生物群落的动态变化规律,为深入研究森林生态系统的结构与功能、森林可持续利用的途径和方法提供数据服务。

3.5.5.2　观测内容

森林群落结构:森林群落的年龄、起源、平均树高、平均胸径、密度、树种组成、动植物种类数量、郁闭度、主林层的叶面积指数、林下植被(亚乔木、灌木、草本)平均高、总盖度等。

森林群落乔木层生物量和林木生长量:树高年生长量、胸径年生长量、乔木层各器官

(干、枝、叶、果、花、根)的生物量、灌木层、草本层地上和地下部分生物量等。

森林凋落物量:林地当年凋落物量。

森林群落的养分:C、N、P、K。

群落的天然更新:包括树种、密度、数量和苗高等。

物候特征:乔灌木和草本物候特征。

3.5.5.3 样地设置

1.样地选择

样地选择要求:

(1)样地设置在所调查生物群落的典型地段。

(2)植物种类成分的分布均匀一致。

(3)群落结构要完整,层次分明。

(4)样地条件(特别是地形和土壤)一致。

(5)样地用显著的实物标记,以便明确观测范围。

(6)样地面积不宜小于森林群落最小面积。

(7)森林生态系统动态观测大样地面积定为 6 hm^2,形状为长方形(200 m×300 m)。

2.**样地设置体系**

采用网格法区划分割,区划单位的长度分为 25 m、20 m、10 m 及 5 m。对于大样地,首先将 6 hm^2(200 m×300 m)样地划分成 6 个 1 hm^2 样地,每个 1 hm^2 样地再划分成 25 个 20 m×20 m 样方,每个 20 m×20 m 样方继续分成 16 个 5 m×5 m 小样方。对 20 m×20 m 样方,使用行列数进行编号,行号从南到北编写,列号从西到东编写。5 m×5 m 的样方以坐标系统命名为(1,1)、(1,2)、(1,3)、(1,4)等。

3.**样地设置步骤**

使用全站仪设置样地,按如下步骤操作:

(1)全站仪定基线(中央轴线):从样地中央向东、西、南、北四个方向测行、列基线,在东西、南北两个方向上各定出 3 条平行线(平行线距离为 20 m)。

(2)在基线的垂线上放样:在基线上每隔 20 m 定出一个样点,在每个样点上安置全站仪,按照基线垂直方向,定出基线的垂线,并在垂线上每隔 20 m 定出一个样点,将各样点连接,即可确定样地及其 20 m×20 m 样格。

(3)将 20 m×20 m 样格划分为 5 m×5 m 的样方。

(4)样地边界处理:采用距离缓冲区法,即在样地内的四周设置带状缓冲区,通常缓冲区的宽度为样地平均树高的 0.5 倍。对缓冲区内的树木进行每木调查,但不定位。

4.**林木定位与标识**

对样地内胸径≥1.0 cm 的木本植物(乔木、灌木、木质藤本)分别定位。采用极坐标法,在 20 m×20 m 的样方内用罗盘仪与皮尺相结合对树木进行准确定位。用林木标识牌对所定位的每株林木进行编号并标识。林木编号以 20 m×20 m 的样方为单位,对每个样方内的林木编号,编号用 8 位数字表示,其中前 4 位代表样方号,后 4 位代表样方内的林木编号。

3.5.5.4　观测方法

1. 森林群落的年龄

森林群落的年龄是指森林生态系统中某种或若干优势群落的平均年龄。

标准地法实测森林群落的年龄。标准地通常是在调查林分内,实测一定的局部地块,据此,对全林进行推测和估算。通过典型选样方法,选取的局部地块称为典型样地,通常称为标准地。在选取的标准地内选取若干标准木,采用打生长锥法钻取树芯,读取树芯年轮,计算林龄的平均值。

2. 森林群落的起源

林分起源,按不同分类标准可分为天然林和人工林或实生林和萌生林,对生态系统有着至关重要的影响。

调查方法:借助文献资料(年鉴、植物志等重要资料)查阅群落树种起源,或者咨询当地林业部门的工作人员。

3. 森林群落的平均树高

森林群落的平均树高是指森林生态系统中某种或若干优势群落的平均高度。具体指从地面上根茎到树梢之间的距离或高度,是表示树木高矮的调查因子。用测高器进行测量。

4. 森林群落的平均胸径

森林群落的平均胸径是树木地面以上 1.3 m 高度处直径的简称,用胸径尺测量。

5. 森林群落的密度

森林群落的密度是指种群在单位面积中的个体数。

用样方法进行估算,也可以将模拟林地平均分成若干等份,求得其中一份的数量后,再估算整体的数量。常用的取样方法如下:

(1)点状取样法。通常选用五点取样法。当调查的总体为非长条形时,可用此法取样。在总体上按梅花形取 5 个样方,每个样方的长和宽要求一致。此法适用于调查植物个体分布比较均匀的情况。

(2)等距取样法。当调查的总体为长条形时,可采用等距取样法。先将调查总体分成若干等份,由抽样比率决定距离和间隔,然后按这一相等的距离或间隔抽取样方的方法,叫作等距取样法。

6. 森林群落的树种组成

在森林生态系统中,常常存在一个或者若干个优势群落,组成优势群落的树种种类的合集称为森林群落的树种组成。

采用典型取样法,在 20 m × 20 m 的样方中计算植物物种的丰富度。采用典型抽样的方法研究森林群落的结构特征,运用相对密度、相对频度、相对优势度和重要值指标分析森林群落物种组成和该群落的优势种群。

7. 森林群落的动植物种类数量

森林群落的动植物种类数量是指组成森林生态系统的动物类型和植物类型数量的总和。

采用典型样地法或样线法取样调查:

(1)调查时分成 2 个乔木样方(20 m × 20 m 或 100 m × 4 m)、4 个灌木样方(5 m × 5 m 或 4 m × 6.25)和 8 个 1 m × 1 m 的草本样方。

（2）调查项目：记录乔木的种类、数量、高度、枝下高、胸径、冠幅、郁闭度和生活力；灌木的种类、数量、高度、盖度和物候期；草本植物的种类、数量、平均高度、盖度和物候期；同时调查记录各样地的海拔、坡度、坡位、坡向、土壤类型、经营措施，垂直与水平结构，乔木更新（30 个 1 m × 1 m 的小样方，记录乔木幼苗种类、数量）等。

8. 森林群落的郁闭度

森林群落的郁闭度是指林地内树冠的垂直投影面积与林地面积之比。通常用十分数表示。完全覆盖地面的为 1。

可采用目测法、树冠投影法、样线法或样点法测定。

树冠投影法是一种调查郁闭度较为准确的方法。调查时先将林木定位，然后从东、南、西、北四个方向测量各株树的树冠边缘到树干的水平距离，按一定比例将树冠投影标绘在图纸上，最后从图纸上计算树冠投影总面积与林地面积的比值得到郁闭度。

9. 森林群落主林层的叶面积指数

森林群落主林层的叶面积指数是指单位土地面积上植物叶片总面积占土地面积的倍数。即叶面积指数 = 叶片总面积/土地面积。

光学仪器法（植物叶面积仪）是目前一种简便快速测定森林群落叶面积指数的新方法。植物叶面积仪主要由辐射传感器和微处理器组成，通过辐射传感器获取太阳辐射透过率、冠层空隙率、冠层空隙大小或冠层空隙大小分布等参数来计算叶面积指数。假设林分为均一冠层、叶片随机分布和椭圆叶角分布，在测量簇生叶冠层时有困难。而叶面积仪通过测量集聚指数，能有效地解决集聚效应的问题，使得叶面积指数计算可以不用假设叶片在空间的随机分布，减小了有效叶面积指数与现实叶面积指数之间计算的误差。但基于辐射测量的仪器测量时容易受到天气影响，常需要选择晴天测定。

10. 林下植被（亚乔木、灌木、草本）平均高

林下植被（亚乔木、灌木、草本）平均高是指森林生态系统中除乔木外，包括亚乔木、灌木和草本的平均高度。

采用标准地法测定。标准地通常是在调查林分内，实测一定的局部地块。据此，对整个林分进行推测和估算。通过选取典型样方，测量亚乔木、灌木和草本的高度，计算平均值。

11. 林下植被总盖度

林下植被总盖度是指森林群落中除乔木外其他植物垂直投影的总面积占林地面积的比率。

可采用目估法、样线法或摄影法测定。

样线法是指在标准地内，根据有植被的片段占样线总长度的比例来计算植被总盖度。

也可使用便携式植被覆盖度摄影仪测定。

森林群落结构数据表见表 3-35。

12. 树高年生长量

树高年生长量是指森林生态系统中乔木树高年增长量。

采用标准地法测定。在观测样地内，从各径级树木中随机选择 5 株样木，用树高生长测定仪每年测定树高生长量。

表 3-35　森林群落结构数据表

年	月	日	样地编码	年龄	起源	平均树高（m）	平均胸径（cm）	密度（株/hm²）	树种组成	郁闭度	主林层叶面积指数	动物种类	动物数量	植物种类	植物数量

13. 胸径年生长量

胸径年生长量是指森林生态系统中乔木胸径年增长量。

采用标准地法测定。在观测样地内,从各径级树木中随机选择 5 株样木,用胸径生长测定仪每年测定胸径生长量。

乔木层特征数据表见表 3-36。

表 3-36　乔木层特征数据表

年	月	日	样地编码	起源	组成	树种组成	郁闭度	密度（株/hm²）	平均树高（m）	平均胸径（cm）	叶面积指数

14. 乔木层各器官(干、枝、叶、果、花、根)的生物量

乔木层各器官(干、枝、叶、果、花、根)的生物量是指森林生态系统中乔木层有机质的干重,包括树干、枝、叶、花、果实和根的生物量,见表 3-37、表 3-38。

表 3-37　单株乔木生物量数据表　　　　　　　　　（单位:kg）

年	月	日	样地编码	植物种名	拉丁名	林龄	胸径(cm)	树高(m)	树干	树皮	大枝	小枝	老叶	当年生叶	花	果实	粗根	中根	细根	气生根

测定方法:

(1)每木检尺。在所选样地内,进行每木检尺,测定胸径和树高。

(2)平均标准木或径级标准木的选定和伐树。选择平均胸径的立木作为标准木,或根据径级划分确定径级标准木,然后伐倒,进行树干解析,测定各部分质量。

(3)烘干称重。选取各器官样品进行烘干称重,计算含水率,并将整株鲜重换算为干重。其中,枝叶进行分层、分级调查并取样,根系分层挖取并取样。

表 3-38　乔木层生物量数据表　　　　　　　　　　　　（单位：t/hm²）

年	月	日	样地编码	树干	树皮	大枝	小枝	老叶	当年生叶	花	果实	粗根	中根	细根	气生根

15. 灌木层、草本层地上和地下部分生物量

灌木层、草本层地上和地下部分生物量是指森林生态系统中灌木层、草本层地上及地下的有机质干重总量。

测定方法：选取调查样方，记录灌木和草本物种名、株（丛）数、高度，确定优势种，调查各优势种的多度、丛幅和高度；并测定灌木各优势种的基径，求平均基径和高。然后按平均直径和株高选取各优势种标准株（丛）3～5 株（丛），分别齐地面收割，并挖出地下部分，草本全部收割，分别随机抽取 1 kg 样品带回实验室，进行烘干称重，求出干鲜重比，进而推算整个灌木层和草本层的生物量，见表 3-39～表 3-42。

表 3-39　灌木层特征数据表

年	月	日	样地编码	叶面积指数	平均基径(cm)	盖度(%)	平均高(m)	总株数(株)	种数(个)

表 3-40　草本层特征数据表

年	月	日	样地编码	盖度(%)	叶面积指数	平均高(m)	总株数(株)	种数(个)

16. 林地当年凋落物量

林地当年凋落物量指森林生态系统树木当年凋落物的质量。

通过直接收集法测定。用孔径为 1.0 mm 的尼龙网做成 1 m × 1 m 的收集器，网底距离地面 10 cm，置于每个采样点。每月收集 1 次。将收集的凋落物按叶片、枝条、繁殖器官、树皮、杂物 5 种组分分别采样，带回实验室进行烘干，按组分分别称重，测算林地当年凋落物干重。

17. 森林群落的养分

森林群落的养分是指森林生态系统中林木体内 C、N、P、K 含量。

测定方法：用重铬酸钾氧化外加热法测定植物器官 C 含量。用 $H_2SO_4 - H_2O_2$ 消煮法制备用于测定植物叶片、根系样品全氮、全磷、全钾含量的待测液，用连续流动化学分析仪（AutoAnalyzer3）测定样品全氮含量，采用钼黄比色法测定样品全磷含量，用火焰光度计

测定样品全钾含量。

表 3-41 灌木层生物量数据表 （单位：t/hm²）

年	月	日	样地编码	植物种名	拉丁名	树干	叶	花	果实	根

表 3-42 草本层生物量数据表 （单位：t/hm²）

年	月	日	样地编码	植物种名	拉丁名	地上部分	地下部分

森林群落凋落物量、养分数据表见表 3-43。

表 3-43 森林群落凋落物量、养分数据表 （单位：t/hm²）

年	月	日	样地编码	森林凋落物量	C	N	P	K

18. 群落的天然更新

群落的天然更新是群落利用林木自身繁殖能力形成新一代幼林的过程。有两种方式：有性更新，即种子更新，由林地上原有母树或邻近林木天然下种而实现；无性更新，即萌芽更新，由伐根上发生萌芽条或根蘖而长成，天然更新成本低，但一般形成森林的时间较长（如天然下种）或质量不高（如萌芽更新）。

调查内容包括树种、密度、数量和苗高等，见表 3-44。

表 3-44 群落更新数据表

年	月	日	样地编码	树苗或幼树种名	拉丁名	实生苗株数（株/hm²）	萌生苗株数（株/hm²）	平均基径（cm）	平均高（m）

19. 乔灌草物候特征

乔灌草物候特征指乔灌草生命活动的季节性现象和在一年中特定时间出现的某些特征，如各种植物萌芽、展叶、开花、结实、叶变色、落叶等现象，见表 3-45、表 3-46。

表 3-45　乔灌木物候特征数据表

年	月	日	样地编码	植物种名	拉丁名	萌动期			展叶期		花蕾或花序出现期	开花期				第二次开花期	果实或种子成熟期	果实或种子脱落期			叶变色期			落叶期			全部生长期日数
						芽膨大期	芽开放期	萌动期间隔日数	开始展叶期	展叶盛期		开花始期	开花盛期	开花末期	开花始末间隔日数			脱落始期	脱落末期	果实或种子脱落期间隔日数	变色始期	完全变色期	叶变色期间隔日数	落叶始期	落叶末期	落叶期间隔日数	

表 3-46　草本物候特征数据表

年	月	日	样地编码	植物种名	拉丁名	萌动期			展叶期			花蕾或花序出现期	开花期				第二次开花期	果实或种子成熟期			果实脱落或种子散落期	黄枯期				全部生长期日数
						地下芽出土期	地上芽变绿色期	萌动期间隔日数	开始展叶期	展叶盛期	展叶期间隔日数		开花始期	开花盛期	开花末期	开花始末间隔日数		果实或种子成熟始期	果实或种子完全成熟期	果实或种子成熟期间隔日数		黄枯始期	黄枯普通期	黄枯末期	黄枯期间隔日数	

采用野外定点目视观测。

乔木和灌木：树液流动开始日期、芽膨大开始日期、芽开放期、展叶期、花蕾或花序出现期、开花期、果实或种子成熟期、果实或种子脱落期、新梢生长期、叶变色期、落叶期等物候期。

草本植物：萌芽期/返青期(萌动期)、展叶期、分蘖期、拔节期、抽穗期、现蕾期、开花期、结荚期、二次或多次开花期、成熟期、种子散布期、黄枯期等物候期。

有条件的也可采用光学仪器(物候相机)实现物候自动观测。

第 4 章　鸡公山森林生态系统植物物种多样性研究

4.1　生物多样性研究概述

生物多样性是人类赖以生存的物质基础。近年来,物种灭绝加剧,遗传多样性减少,以及生态系统特别是热带森林的大规模破坏,引起了国际社会对生物多样性问题的极大关注。人类活动是造成生物多样性以空前速度丧失的根本原因。全球有 10% 的物种面临灭绝,到 21 世纪末,将有 5% ~20% 的物种从地球上消失,如果不采取有效措施,灭绝物种可能超过 20% ,形势十分严峻。更为严重的是我们对于濒危物种知识的贫乏。中国是生物多样性特别丰富的国家之一,据统计,我国的生物多样性位居世界第 8 位、北半球第 1 位。同时中国又是生物多样性受到威胁最严重的国家之一。如果不立即着手采取有效措施遏制这种恶化的态势,将大大影响我国可持续发展目标的实现,世界的发展与安全也会受到威胁。生物多样性保护、全球变化以及可持续发展已成为国际社会关注的 3 个热点问题。全球面临着生境破碎化的危机,物种保护已成为人类面临的重大课题。濒危物种是生物多样性的重要组成部分,也是最脆弱的部分,加强濒危物种的保护对于促进生物多样性的保护具有重要意义。虽然全球各个国家和地区建立了不少自然保护区,但是真正实现对辖区内物种及其生境的有效保护,尚缺乏科学的方法和措施,需要自然保护工作者的不断探索和自然保护事业的发展。

生物多样性是生物及其环境形成的生态复合体以及与此相关的各种生态过程的总和,其内容包括自然界各种动物、植物、微生物和它们所拥有的基因及其与生存环境形成的复杂的生态系统。一般认为,生物多样性包括四个主要层次:遗传多样性、物种多样性、生态系统多样性和景观多样性。生物多样性是地球上生命系统长期进化的结果,更是人类赖以生存的物质基础。由于当今世界人口的高速增长,人类经济活动的不断加剧,生物多样性正面临着日益严重的威胁。尤其是在生物多样性十分丰富的热带亚热带发展中国家,由于人口膨胀和经济发展所带来的压力使生态系统正遭受到严重的破坏,大量物种已经灭绝或处于濒危状态物种的遗传多样性也在急剧丧失。与此同时,人类对生物资源的需求却在与日俱增,因此生物多样性保护是当前国际社会关注的全球热点环境问题之一,保护生物多样性是保护自然或保护地球的一个重要组成部分。

4.1.1　植物群落多样性研究

在生物多样性的四个组织层次中,物种多样性占有重要的地位。物种是分类学的一个基本单位,生物多样性的编目、动态监测也多以物种为对象。在生物多样性保护及可持续发展等实际活动中,物种也被视为最重要的和最易操作的客观实体。在多样性与稳定性、多样性与生产力等理论问题的讨论中,多样性也主要指物种多样性。物种多样性是生物多样性在物种水平上的表现形式,它包括两方面的含义,一是指特定区域内物种的总和,主要从分类学、系统学和生物地理学角度对一定区域内物种的状况进行研究,可称为区域物种多样性;二是指生态学方面的物种分布的均匀程度,常常从群落组织水平上进行研究,称为生态多样性和群落物种多样性。这两方面含义的区别主要在于研究的层次和尺度的不同。前者主要是通过区域调查进行研究,是纯粹物种水平上的多样性,后者主要是通过样方或样点在群落水平上进行研究,结合了生态研究特点的补充。

植物多样性是生物多样性研究的一个分支,是生物多样性的重要组成部分和研究基础。植物多样性是生物多样性中以植物为主体,由植物、植物与环境之间所形成的复合体及与此相关的生态过程的总和。当前国内外生物学家关注的焦点众多,如:在面临持续的人为干扰的情况下,植物多样性是如何保持的;森林斑块化对植物多样性的影响;城市或旅游区珍稀濒危野生物种如何有效保护等,都是科学家关注的热点。自 20 世纪 80 年代以来,我国对植物群落物种多样性研究已有较多的报道,主要集中在物种多样性的现状(包括受威胁现状)和物种多样性的形成、演化及维持机制等方面。20 世纪 90 年代以来,对植物多样性的研究主要集中在植物物种多样性统计、特有植物、资源植物、保护植物、植物区系特征、群落特征和生活型组成等方面。对植物多样性评价指标的研究也较多,而且理论较为成熟,一些指标的应用广泛。

4.1.1.1 不同类型植物群落多样性

生物多样性是维护生态环境和实现人类社会可持续发展的基础,是生态文明建设的重要内容,近年来,生物多样性研究已成为生态学研究的热点问题之一。森林植被作为森林生态系统的主体,森林植物多样性反映了物种丰富度及其分布的均匀程度,既体现了群落的结构特征、发展阶段、稳定性,也反映了群落的组成、结构、功能的异质性。不同植被类型植物多样性因林种、林分密度、林下植物种类、植物分布状况及结构特征而存在较大差异,针对不同植被类型植物多样性,相关学者做了大量的研究。王天明(2004)研究表明,在原始阔叶红松林和暖温带落叶阔叶林中,物种丰富度、物种个体总数的垂直结构是:草本层 > 灌木层 > 乔木层,各植被类型的 Simpson 指数和 Shannon 指数同物种丰富度具有相似规律。但一些典型植被类型的植物多样性则表现不同,西湖山区的常绿阔叶林、针阔混交林和落叶阔叶林的物种多样性指数在乔木层、灌木层和草本层存在差异(邓志华等,2008)。不同植物区系的植被类型差异可能是造成植物多样性差异的主要原因,气候和生态环境因子是影响植物多样性的重要因素。

4.1.1.2 不同海拔植物群落多样性

海拔梯度变化对物种多样性的影响一直是生态学家感兴趣的问题。有关植被物种多样性随海拔的变化规律,研究资料较多,但研究结果不尽一致。安树青等(1999)研究认为,在山地雨林中,不同类型植物的组成和多样性随海拔的变化而变化。唐志尧等(2004)在太白山的研究表明,海拔是决定太白山植物群落分布的主要因素。Yoda(1967)对尼泊尔喜马拉雅山脉维管植物物种多样性的研究后发现,随着海拔升高,物种多样性呈直线下降。郝占庆等(2002)在长白山北坡海拔 700 ~ 2 600 m 的区域内研究发现,不同林分的乔、灌、草各生活型类群,以及所有植物种的丰富度及多样性随海拔高度升高均表现出较明显的线性下降趋势。沈泽昊等(2004)在神农架南坡650~3105m范围内的研究发现,植物多样性的垂直分布格局基本符合"单峰"模型,峰值出现在海拔1400~1500m;落基山脉国家公园的东坡,植物物种多样性在中等海拔及山坡中部的森林中较低。综上所述,关于山地植被物种多样性随海拔的变化特征,贺金生等(1998)总结为5种不同的研究结果:①负相关关系,即随海拔的升高,植物群落物种多样性降低。如Yoda(1997)对尼泊尔喜马拉雅山脉维管植物物种多样性的研究,随着海拔升高,物种多样性呈直线下降。②中间高度膨胀规律,即植物群落物种多样性在中等海拔最大,Whittaker等(1975)研究了美国亚利桑那山植被物种数与海拔的关系,发现植物种数随海拔的变化曲线为一开口向下的抛物线(海拔为横轴,物种数为纵轴)。在西南俄勒冈,木本植物多样性随海拔升高而减少;草本植物多样性在中等海拔的地方最高,在海拔较低处、较郁闭的硬叶林下,草本层多样性最低。这两种趋势组合的结果,最大物种多样性出现在中等海拔的森林中,多样性次高峰出现在海拔最低处。③中间海拔萎缩型,即植物群落物种多样性在中等海拔较低。④正相关关系,即随着海拔的升高,植物群落物种多样性增加。⑤植物群落物种多样性与海拔无明显相关性。方精云等(2004)对中国物种多样性开展大规模的研究后认为,在人为干扰较少的山地,木本植物多样性分布的一般规律是随着海拔升高,物种丰富度逐渐减少;但在一些山地,如高黎贡山,物种丰富度随海拔的升高呈单峰分布格局,即在中海拔地段丰富度最大。不同生活型的植物,其物种多样性随海拔变化趋势不尽相同;草本植物的物种丰富度主要受乔木层郁闭度的影响,而与海拔的关系不明显。

4.1.2　生物多样性与自然保护区研究

4.1.2.1　生物多样性保护

自然保护区建立的最直接目的即保护生物多样性和生态系统的功能稳定。生物多样性是人类赖以生存和发展的基础,内涵广泛,主要包括遗传多样性、物种多样性、生态系统多样性和景观多样性等层次。由于第二次世界大战后工业迅猛发展和世界人口的飞速增长对环境造成巨大的压力,世界各国开始对生物多样性保护给予极大的关注。1992年,在巴西的里约热内卢召开的联合国环境与发展大会(UNCED)通过的《生物多样性公约》,成为推进生物多样性保护的里程碑。各国就保护生物多样性达成了共识,通过加强政策立法、制定科研规划、增加研究经费等措施积极实施生物多样性保护计划。

4.1.2.2　生物多样性研究热点与自然保护区应用

随着生物多样性基础研究的发展,自然保护区的管理和建设理念也不断得到完善。生物多样性研究的几个热点问题与自然保护区的关联研究主要涉及以下几个方面:

(1)生物多样性的调查、编目及信息系统的建立。人类对未知的生物种类乃至已知的生物种类的认识都十分有限。早期自然保护区都是为了单独保护个别濒危种或旗舰种而建立的,但随着人们对生物多样性调查和各层次关联的深入研究,最大限度的长期保护系统整体的多样性逐渐成为自然保护区设计以及选址的原则和关注焦点。而选择准确的有代表性的调查数据以及对系统内物种的认定与生态链关系机制的认知都成为实现这一原则的基础性工作。数据资源共享化、监测方法标准化等技术性问题还需要通过国际间合作协商解决。

(2)人类活动对生物多样性的影响。人类活动干扰了动植物自然栖息环境,改变了全球气候,导致了史无前例的物种灭绝速度,并远高于自然背景值。传统的自然保护区是将人类干扰过程排除出自然过程的封闭保护模式。这种模式并没有理想地降低生物物种进一步灭绝的速度,且在现实操作中总是出现保护与发展的两难局面,因此遭到了质疑。对生境破碎化问题、物种濒危灭绝机制的研究,以及遥感、生态模型等高科技手段的使用,使人们研究尺度更加宽泛,努力探索出一种生态网络化的保护与发展双赢的开放保护区模式。

(3)生物多样性和生态系统功能。生态系统功能是指生态系统的自然过程和组分直接或间接地提供满足人类需要的产品和服务的能力。最初,人们假设,少数优势种或关键种就可以完成生态功能生产。虽然学界仍然就到底是取样效应还是生态位互补效应对生态系统功能产生的影响大争论不休,但是目前的各种独立或联合实验都表明,物种多样性的减少对地上生物量有极显著的影响。另外,生态系统功能以及生态系统稳定性的增加是否有利于濒危物种的保护已成为生态管理者们需要研究求证的一个命题。生物多样性的丧失不但要从物种多样性的保护入手,更要考虑生态系统的功能多样性。

(4)生物多样性的长期动态监测。保护区生态系统中动植物的生长与死亡、迁入与迁出,以及影响这些过程的相关气候、土壤、水域等要素的变化都是一个连续的动态过程。依靠短期的资料得出的结果往往带有片面性,甚至产生误导作用,而以空间代替时间的演替研究方式能否真实地反映自然的演变状态有待商榷。为了在更大尺度上揭示生物多样性以及生态系统过程的演变机制,减少生态系统管理的不确定性,长期的生态系统联网研究和监测是一种有效的方法。目前,自然保护区选址及保护策略是否能够满足全球气候变化下生物圈发生的变迁,则更需要历史监测数据结合各类生态模型进行预测评价。长期的动态联网监测需要大量的资金与人力投入,需要制定统一的可对比的实验研究或观测计划以及相应的数据管理和共享机制。

4.1.3　研究的目的、意义

4.1.3.1　研究的目的

本研究选择鸡公山两种典型林分落叶阔叶林和针阔混交林作为研究对象,采用植物群落学调查分析方法、植物区系组成分析方法和生物多样性指数分析方法,通过对植物群落物种组成、群落结构、物种多样性随海拔梯度分布格局的研究,为鸡公山植物物种多样性保护、自然植被恢复和区域生态系统的科学管理提供理论依据。

4.1.3.2　研究的意义

物种多样性不仅可以反映群落或生境中物种的丰富度、变化程度或均匀度,也可反映不同自然地理条件与群落的相互关系,同时可以用物种多样性来定量表征群落和生态系统的特征,包括直接或间接地体现群落和生态系统的结构类型、组织水平、发展阶段、稳定程度、生境差异等,为自然保护区建设、生物资源的评价、森林资源的经营以及合理开发利用等提供依据。因此,对物种多样性的研究可以更好地认识群落的组成、变化和发展;对物种多样性的监测可以反映群落及其生境的保护状况。本研究采用野外样地调查的方法,结合以往研究成果,通过对鸡公山两种典型林分植物物种多样性的调查和分析,旨在揭示森林生态系统在自然恢复过程中植物物种多样性的动态变化规律,为鸡公山植物物种多样性保护、植被恢复和重建以及森林生态系统的科学管理提供理论依据。

4.2　研究区域概况

　　试验林分样地全部位于河南鸡公山森林生态系统定位研究站内,其地理坐标为东经 $114°01′ \sim 114°06′$、北纬 $31°46′ \sim 31°52′$。该区域气候温暖湿润,具有北亚热带向暖温带过渡的季风气候和山地气候的特征。年均温 15.2 ℃,多年平均降水量 1 118.7 mm,降水主要集中在 4 ~ 9 月,占全年降水量的 79%,年均蒸发量 1 373.8 mm。

　　鸡公山所处的信阳市森林植被具有暖温带—亚热带过渡带特点,以淮河为界,大体为淮河以北属暖温带落叶阔叶林区域,淮河以南属亚热带常绿阔叶林区域中的北亚热带常绿、落叶阔叶混交林地带。呈现出针叶与阔叶、常绿与落叶多种群落共生和乔木、灌木、草丛、菌类多层次重叠的繁茂形态。据调查,信阳市仅高等植物就有 189 科 2 000 多种,占河南省同类总科数的 95%,其中珍稀濒危植物较为丰富,包括引种在内,计有 43 科 97 种,列入国家重点保护植物的有 25 科 39 种。地带性代表植被为混有常绿树种的落叶阔叶林、针阔叶混交林,植被以栓皮栎林、麻栎林、马尾松林等为主。

　　鸡公山森林植被主要有 4 种类型:针叶林、阔叶林、竹林和灌木林。针叶林包括常绿针叶林、落叶针叶林和针阔混交林。常绿针叶林以马尾松林、黄山松林、杉木林和柳杉林为主,其中马尾松林面积 903.7 hm²,占林地面积的 31.6%;杉木林 404.7 hm²,占林地面积的 11.6%。落叶针叶林以水杉林、落羽杉林和池杉林为主,林地面积较小。针阔混交林分布面积较大,主要是马尾松、黄山松、栓皮栎、麻栎等混交林;阔叶林包括常绿阔叶林、落叶阔叶林、落叶常绿阔叶混交林和落叶阔叶杂木林。常绿阔叶林主要为青冈栎林。落叶阔叶林以栓皮栎、麻栎、白栎等混交林为主。天然次生落叶阔叶林是该区域的地带性植被,也是天然林演替的顶级群落。落叶常绿阔叶混交林以栓皮栎、白栎与青冈栎混交林为主。落叶阔叶杂木林,该类型面积较大,以化香、黄檀、枫香、枫杨为主;竹以毛竹林、桂竹林及刚竹林为主,其中毛竹林 20 hm²、桂竹林 34 hm²;灌木丛以常绿灌丛 – 落叶灌丛为主;鸡公山树种以栎类为主,其次为马尾松、黄山松、杉木和毛竹等。杉木林、毛竹均系人工栽培。

4.3　研究内容与研究方法

4.3.1　研究内容

　　(1)鸡公山落叶阔叶林和针阔混交林植物物种组成及其重要价值研究。

　　(2)鸡公山落叶阔叶林和针阔混交林乔木层、灌木层和草本层植物物种多样性研究。

　　(3)鸡公山落叶阔叶林和针阔混交林乔木层、灌木层和草本层植物群落相似性以及两种植被类型不同海拔植物群落相似性研究。

　　(4)鸡公山落叶阔叶林和针阔混交林植物多样性(物种数、Shannon 多样性指数、

Simpson 多样性指数和均匀度指数）海拔梯度格局。

4.3.2 研究方法

选取鸡公山自然保护区典型林分落叶阔叶林和针阔混交林,采用典型取样法进行调查,每种林分在 200 m、400 m、600 m 三个海拔带分别设置 3 个 20 m×30 m 乔木样地,共设置乔木样地 18 个,在每个乔木样地中设置 1 个 10 m×10 m 的灌木样方和 4 个 1 m×1 m 的草本样方,选取的样地能够代表群落的基本特征,记录样地内所有的植物种类、数量,同时记录样地经纬度、海拔、坡向、坡度、林分郁闭度、树木胸径、草本盖度等因子（见表 4-1）。

表 4-1 试验林分样地基本情况

海拔 （m）	森林 类型	样地海拔 （m）	密度 （株/hm²）	林分 蓄积量 （m³/hm²）	优势 树种	林龄 （a）	平均高度 （m）	平均胸径 （cm）	郁闭度
200	落叶栎林	184～211	683	181.19	栓皮栎 麻栎	55	22 22	33 28	0.9
	松栎混交林	192～215	808	231.94	马尾松 栎类	55	19 17	26 25	0.9
400	落叶栎林	360～411	940	164.35	栓皮栎 麻栎	50	17 20	29 33	0.85
	松栎混交林	393～418	1 308	210.87	马尾松 栎类	50	12 16	20 29	0.9
600	落叶栎林	560～585	1 275	141.67	栓皮栎 麻栎	50	15 13	23 20	0.8
	松栎混交林	555～583	1 292	211.19	马尾松 栎类	50	14 14	23 21	0.85

群落层次按乔木、灌木和草本划分,参照"PKU – PSD"划分标准,胸径（DBH）≥5 cm 的木本植物记为乔木,DBH<5 cm 的木本植物记为灌木。

4.3.3 数据统计

植被的重要值是研究某个物种在群落中的地位和作用的综合数量指标,表示一个树种的优势程度。

乔、灌木重要值的计算:

$$I_a = \frac{A + B + F}{3}$$

草本重要值的计算:

$$I_s = \frac{A + C + F}{3}$$

式中 I_a——乔灌木的重要值;

      A——相对多度;

　　　　B——相对显著度；

　　　　F——相对频度；

　　　　I_s——草本的重要值；

　　　　C——相对盖度。

　　相对多度(%) = 100 × 某个种的株数/所有种的总株数；

　　频度(%) = 100 × 某个种在统计样方中出现的次数/所有种出现的总次数；

　　相对频度(%) = 100 × 某个种在统计样方中的频度/所有种出现的总频度；

　　相对显著度(%) = 100 × 某个种的胸高断面积和/所有种的胸高断面积总和；

　　相对盖度(%) = 100 × 某个种的盖度/所有种的盖度和。

　　本研究采用 Shannon-Wiener 指数、Simpson 指数、Pielou 均匀度指数和 Jaccard 相似系数进行计算分析。

　　Shannon-Wiener 多样性指数：

$$H' = -\sum P_i \ln P_i$$

　　Simpson 多样性指数：

$$D = 1 - \sum P_i^2$$

　　Pielou 均匀度：

$$E = H'/H'_{max} = H'/\ln S$$

　　Jaccard 相似系数：

$$S_j = \frac{a}{a + b + c}$$

式中　　P_i——第 i 个物种的个体数占群落中总个体数的比例；

　　　　D——Simpson 指数；

　　　　H'——Shannon-Wiener 指数；

　　　　E——均匀度；

　　　　H'_{max}——H' 最大值；

　　　　S——物种总数；

　　　　S_j——Jaccard 相似系数；

　　　　a——群落 1 和群落 2 都有的物种数量；

　　　　b——群落 2 中有但群落 1 中无的物种数量；

　　　　c——群落 1 中有但群落 2 中无的物种数量。

　　根据 Jaccard 相似性原理，当 S_j 为 0.00 ~ 0.25 时，为极不相似；当 S_j 为 0.25 ~ 0.50 时，为中等不相似；当 S_j 为 0.50 ~ 0.75 时，为中等相似；当 S_j 为 0.75 ~ 1.00 时，为极相似。

4.4　研究结果

4.4.1　两种植被类型植物物种组成及其重要值

　　在两种典型植被类型群落 18 个标准样方中共记录维管束植物 60 科 98 属 137 种，其中,落叶阔叶林 43 科 69 属 85 种,以壳斗科为主,包括 3 属 7 种;针阔混交林 53 科 81 属 104 种,以蔷薇科为主,包括 6 属 10 种。两种林分总体上来说,蔷薇科、豆科、禾本科、壳斗科和槭树科的物种数最多,分别为 12、8、7、7、7 种(见表 4-2)。

表 4-2　两种植被类型植物物种组成

科名	种名
菊科 Compositae	大籽蒿 *Artemisia sieversiana*
	矮蒿 *Artemisia lancea*
	艾 *Artemisia argyi*
	青蒿 *Artemisia carvufolia*
八角枫科 Alangiaceae	八角枫 *Alangium chinense*
百合科 Liliaceae	菝葜 *Smilax china*
	麦冬 *Ophiopogon japonicus*
	玉竹 *Polygonatum odoratum*
	百合 *Lilium brownii*
大戟科 Euphorbiaceae	白背叶 *Mallotus apelta*
	野桐 *Mallotus japonicus*
	乌桕 *Sapium sebiferum*
	油桐 *Vernicia fordii*
蔷薇科 Rosaceae	白鹃梅 *Exochorda racemosa*
	小果蔷薇 *Rosa cymosa*
	钝叶蔷薇 *Rosa sertata*
	野蔷薇 *Rosa multiflora*
	高粱泡 *Rubus lambertianus*
	悬钩子 *Rubus corchorifolius*
	美丽悬钩子 *Rubus amabilis*
	蛇莓 *Duchesnea indica*
	郁李 *Cerasus japonica*
	山樱花 *Cerasus serrulata*
	樱桃 *Cerasus pseudocerasus*
	李 *Prunus salicina*
木犀科 Oleaceae	白蜡 *Fraxinus chinensis*
	连翘 *Forsythia suspensa*
	小叶女贞 *Ligustrum quihoui*

续表 4-2

科名	种名
壳斗科 Fagaceae	白栎 *Quercus fabri*
	栎树 *Quercus Linn*
	槲栎 *Quercus aliena*
	栓皮栎 *Quercus variabilis*
	麻栎 *Quercus acutissima*
	茅栗 *Castanea seguinii*
	青冈 *Cyclobalanopsis glauca*
豆科 Leguminosae	刺槐 *Robinia pseudoacacia*
	国槐 *Robinia pseudoacacia*
	黄檀 *Dalbergia hupeana*
	山合欢 *Albizia kalkora*
	山蚂蝗 *Desmodium racemosum*
	歪头菜 *Vicia unijuga*
	紫藤 *Wisteria sinensis*
	胡枝子 *Lespedeza bicolor*
山矾科 Symplocaceae	白檀 *Symplocos paniculata*
	山矾 *Symplocos sumuntia*
椴树科 Tiliaceae	扁担杆子 *Grewia biloba*
	椴树 *Tilia tuan*
禾本科 Gramineae	毛竹 *Phyllostachys edulis*
	桂竹 *Phyllostachys bambusoides*
	茶杆竹 *Pseudosasa amabilis*
	箬竹 *Indocalamus tessellatus*
	荩草 *Arthraxon hispidus*
	求米草 *Oplismenus undulatifolius*
	显籽草 *Phaenosperma globosa*
山茶科 Theaceae	茶树 *Camellia sinensis*

续表4-2

科名	种名
槭树科 Aceraceae	鸡爪槭 *Acer palmatum*
	建始槭 *Acer henryi*
	青榨槭 *Acer davidii*
	三角槭 *Acer buergerianum*
	五角枫 *Acer oliverianum*
	三叶槭 *Acer nikoense*
	茶条槭 *Acer ginnala*
五加科 Araliaceae	长春藤 *Hedera helix*
	楤木 *Aralia chinensis*
安息香科 Styracaceae	垂珠花 *Styrax dasyanthus*
蓼科 Polygonaceae	刺蓼 *Polygonum senticosum*
	头状蓼 *Polygonum microcephalum*
	红花蓼 *Polygonum microcephala*
	红蓼 *Polygonum orientale*
三尖杉科 Cephalotaxaceae	粗榧 *Cephalotaxus sinensis*
卫矛科 Celastraceae	大花卫矛 *Euonymus grandiflorus*
	卫矛 *Euonymus alatus*
	南蛇藤 *Celastrus orbiculatus*
榆科 Ulmaceae	榉树 *Zelkova serrata*
	大叶朴 *Celtis koraiensis*
	朴树 *Celtis sinensis*
	小叶朴 *Celtis bungeana*
	榆树 *Ulmus pumila*
冬青科 Aquifoliaceae	冬青 *Ilex chinensis*
金缕梅科 Hamamelidaceae	枫香 *Liquidambar formosana*
	牛鼻栓 *Fortunearia sinensis*
凤尾蕨科 Pteridaceae	凤尾蕨 *Pteris cretica*
鼠李科 Rhamnaceae	勾儿茶 *Berchemia sinica*
	鼠李 *Rhamnus davurica*

续表 4-2

科名	种名
桑科 Moraceae	构树 *Broussonetia papyrifera*
	桑树 *Morus alba*
	榕树 *Ficus microcarpa*
海金沙科 Lygodiaceae	海金沙 *Lygodium japonicum*
胡颓子科 Elaeagnaceae	胡颓子 *Elaeagnus pungens*
胡桃科 Juglanaceae	化香 *Platycarya strobilacea*
	山核桃 *Carya cathayensis*
败酱科 Valerianaceae	黄花败酱 *Patrinia scabiosaelia*
马鞭草科 Verbenaceae	黄荆条 *Vitex negundo*
漆树科 Anacardiaceae	盐肤木 *Rhus chinensis*
	黄连木 *Pistacia chinensis*
	漆树 *Toxicodendron vernicifluum*
松科 Pinaceae	黄山松 *Pinus taiwanensis*
	马尾松 *Pinus massoniana*
灰木科 Symplocaceae	灰木 *Symplocos chinensis*
茜草科 Rubiaceae	鸡矢藤 *Paederia scandens*
	六月雪 *Serissa japonica*
忍冬科 Caprifoliaceae	荚蒾 *Viburnum dilatatum*
	郁香忍冬 *Lonicera fragrantissima*
	金银木 *Lonicera maackii*
	忍冬 *Lonicera japonica*
葫芦科 Cucurbitaceae	绞股兰 *Gynostemma pentaphyllum*
报春花科 Primulaceae	聚花过路黄 *Lysimachia congestifolora*
柿树科 Ebenaceae	君迁子 *Diospyros lotus*
楝科 Meliaceae	楝树 *Melia azedarace*
夹竹桃科 Apocynaceae	络石 *Trachelospermum jasminoides*
马兜铃科 Aristolochiaceae	马兜铃 *Aristolochia debilis*
莲座蕨科 Angiopteridaceae	马蹄蕨 *Angiopteris fokiensis*

续表 4-2

科名	种名
杜鹃花科 Ericaceae	毛杜鹃 *Rhododendron pulchrum*
	映山红 *Rhododendron simsii*
猕猴桃科 Actinidiaceae	猕猴桃 *Actinidia chinensis*
锦葵科 Malvaceae	木芙蓉 *Hibiscus mutabilis*
木通科 Lardizabalaceae	木通 *Akebia quinata*
	三叶木通 *Akebia trifoliata*
唇形科 Lamiaceae	牛膝草 *Hyssopus officinalis*
梧桐科 Sterculiaceae	青桐 *Firmiana platanifolia*
樟科 Lauraceae	山胡椒 *Lindera glauca*
虎耳草科 Saxifragaceae	山梅花 *Philadelphus incanus*
杉科 Taxodiaceae	杉木 *Cunninghamia lanceolata*
石蒜科 Amaryllidaceae	石蒜 *Lycoris radiata*
薯蓣科 Dioscoreaceae	薯蓣 *Dioscorea opposita*
毛莨科 Ranunculaceae	天葵 *Semiaquilegia adoxoides*
木兰科 Magnoliaceae	五味子 *Schisandra chinensis*
	岩花海桐 *Pittoaporum tobira*
鸭趾草科 Commelinaceae	鸭趾草 *Commelina communis*
莎草科 Cyperaceae	羊胡子草 *Carex rigescens*
野茉莉科 Styracaceae	玉玲花 *Styrax obassia*
芸香科 Rutaceae	竹叶椒 *Zanthoxylum Planispinum*
紫草科 Boraginaceae	紫草 *Lithospermum erythrorhizon*
葡萄科 Vitaceae	刺葡萄 *Vitis davidii*
	山葡萄 *Vitis amurensis*
	爬山虎 *Parthenocissus tricuspidata*
	乌敛莓 *Cayratia japonica*

落叶阔叶林中乔木、灌木和草本重要值最高的物种为麻栎(*Quercus acutissima*)、野葡萄(*Vitis adstricta*)和络石(*Trachelospermum jasminoides*),重要值分别为 24.27、2.51 和 12.44(见表 4-3)。

表 4-3　落叶阔叶林主要植物物种及其重要值

科名	种名	重要值
壳斗科 Fagaceae	麻栎 *Quercus acutissima*	24.27
	栓皮栎 *Quercus variabilis*	7.35
	槲栎 *Quercus aliena*	2.32
	青冈 *Cyclobalanopsis glauca*	0.73
	白栎 *Quercus fabri*	0.29
	栎树 *Quercus Linn*	0.21
	茅栗 *Castanea seguinii*	0.21
葡萄科 Vitaceae	刺葡萄 *Vitis davidii*	2.51
	爬山虎 *Parthenocissus tricuspidata*	2.37
	乌敛莓 *Cayratia japonica*	0.59
	山葡萄 *Vitis amurensis*	1.03
蔷薇科 Rosaceae	悬钩子 *Rubus corchorifolius*	2.00
	樱桃 *Cerasus pseudocerasus*	1.53
	山樱花 *Cerasus serrulata*	0.66
	野蔷薇 *Rosa multiflora*	0.24
	李树 *Prunus salicina*	0.21
榆科 Ulmaceae	朴树 *Celtis sinensis*	1.92
	小叶朴 *Celtis bungeana*	1.53
	榉树 *Zelkova serrata*	0.48
	榆树 *Ulmus pumila*	0.27
樟科 Lauraceae	山胡椒 *Lindera glauca*	1.68
漆树科 Anacardiaceae	漆树 *Toxicodendron vernicifluum*	1.67
	黄连木 *Pistacia chinensis*	1.47
	盐肤木 *Rhus chinensis*	0.21
木通科 Lardizabalaceae	三叶木通 *Akebia trifoliata*	1.49
	木通 *Akebia quinata*	0.85
大戟科 Euphorbiaceae	油桐 *Vernicia fordii*	1.17
	野桐 *Mallotus japonicus*	0.98
	白背叶 *Mallotus apelta*	0.24
金缕梅科 Hamamelidaceae	枫香 *Liquidambar formosana*	1.04
	牛鼻栓 *Fortunearia sinensis*	0.52

续表 4-3

科名	种名	重要值
马鞭草科 Verbenaceae	黄荆条 *Vitex negundo*	0.92
槭树科 Aceraceae	青榨槭 *Acer davidii*	0.75
	三角槭 *Acer buergerianum*	0.52
	茶条槭 *Acer ginnala*	0.48
	鸡爪槭 *Acer palmatum*	0.21
	建始槭 *Acer henryi*	0.21
	三叶槭 *Acer nikoense*	1.40
木犀科 Oleaceae	连翘 *Forsythia suspensa*	0.70
桑科 Moraceae	桑树 *Morus alba*	0.64
	构树 *roussonetia papyrifera*	0.26
	榕树 *Ficus microcarpa*	0.25
木兰科 Magnoliaceae	五味子 *Schisandra chinensis*	0.63
椴树科 Tiliaceae	椴树 *Tilia tuan*	0.60
	扁担杆子 *Grewia biloba*	0.21
豆科 Leguminosae	胡枝子 *Lespedeza bicolor*	0.58
	刺槐 *Robinia pseudoacacia*	0.31
	紫藤 *Wisteria sinensis*（Sims）	0.21
	黄檀 *Dalbergia hupeana*	0.21
卫矛科 Celastraceae	南蛇藤 *Celastrus orbiculatus*	0.58
	卫矛 *Euonymus alatus*	0.39
	大花卫矛 *Euonymus grandiflorus*	0.21
鼠李科 Rhamnaceae	鼠李 *Rhamnus davurica*	0.49
胡颓子科 Elaeagnaceae	胡颓子 *Elaeagnus pungens*	0.39
忍冬科 Caprifoliaceae	金银木 *Lonicera maackii*	0.21
	忍冬 *Lonicera japonica*	0.36
山矾科 Symplocaceae	白檀 *Symplocos paniculata*	0.30
八角枫科 Alangiaceae	八角枫 *Alangium chinense*	0.24
柿树科 Ebenaceae	君迁子 *Diospyros lotus*	0.24
松科 Pinaceae	黄山松 *Pinus taiwanensis*	0.23
山茶科 Theaceae	茶树 *Camellia sinensis*	0.21

续表 4-3

科名	种名	重要值
五加科 Araliaceae	楤木 *Aralia chinensis*	0.21
	长春藤 *Hedera helix*	2.09
禾本科 Gramineae	桂竹 *Phyllostachys bambusoides*	0.21
	显籽草 *Phaenosperma globosa*	10.31
	求米草 *Oplismenus undulatifolius*	3.87
杜鹃花科 Ericaceae	毛杜鹃 *Rhododendron pulchrum*	0.21
猕猴桃科 Actinidiaceae	猕猴桃 *Actinidia chinensis*	0.21
锦葵科 Malvaceae	木芙蓉 *Hibiscus mutabilis*	0.21
胡桃科 Juglanaceae	山核桃 *Carya cathayensis*	0.21
	化香 *Platycarya strobilacea*	3.52
夹竹桃科 Apocynaceae	络石 *Trachelospermum jasminoides*	12.44
葫芦科 Cucurbitaceae	绞股兰 *Gynostemma pentaphyllum*	7.19
凤尾蕨科 Pteridaceae	凤尾蕨 *Pteris cretica*	5.12
莎草科 Cyperaceae	羊胡子草 *Carex rigescens*	4.44
唇形科 Lamiaceae	牛膝草 *Hyssopus officinalis*	2.55
蓼科 Polygonaceae	红花蓼 *Polygonum microcephala*	1.28
百合科 Liliaceae	麦冬 *Ophiopogon japonicus*	0.59
	百合 *Lilium brownii*	0.43
	菝葜 *Smilax china*	0.30
菊科 Compositae	青蒿 *Artemisia carvufolia*	0.57
毛茛科 Ranunculaceae	天葵 *Semiaquilegia adoxoides*	0.44
海金沙科 Lygodiaceae	海金沙 *Lygodium japonicum*	0.35
石蒜科 Amaryllidaceae	石蒜 *Lycoris radiata*	0.27
茜草科 Rubiaceae	鸡矢藤 *Paederia scandens*	0.21

　　针阔混交林中乔木、灌木和草本重要值最高的物种为马尾松（*Pinus massoniana*）、悬钩子（*Rubus corchorifolius*）和显籽草（*Phaenosperma globosa*），重要值分别为 19.44、2.65 和 13.54（见表 4-4）。

表4-4 针阔混交林主要植物物种及其重要值

科名	种名	重要值
松科 Pinaceae	黄山松 *Pinus taiwanensis*	0.19
	马尾松 *Pinus massoniana*	19.44
壳斗科 Fagaceae	栓皮栎 *Quercus variabilis*	8.52
	麻栎 *Quercus acutissima*	6.77
	槲栎 *Quercus aliena*	0.70
	茅栗 *Castanea seguinii*	0.57
	青冈 *Cyclobalanopsis glauca*	0.26
胡桃科 Juglanaceae	化香 *Platycarya strobilacea*	3.36
大戟科 Euphorbiaceae	油桐 *Vernicia fordii*	3.23
	野桐 *Mallotus japonicus*	0.40
	白背叶 *Mallotus apelta*	0.15
	乌桕 *Sapium sebiferum*	0.22
蔷薇科 Rosaceae	美丽悬钩子 *Rubus amabilis*	0.24
	蔷薇 *Rosa multifolora*	0.29
	悬钩子 *Rubus corchorifolius*	2.65
	高粱泡 *Rubus lambertianus*	0.63
	山樱花 *Cerasus serrulata*	0.53
	樱桃 *Cerasus pseudocerasus*	0.29
	小果蔷薇 *Rosa cymosa*	0.31
	白鹃梅 *Exochorda racemosa*	0.78
	郁李 *Cerasus japonica*	0.21
	蛇莓 *Duchesnea indica*	0.25
木犀科 Oleaceae	小叶女贞 *Ligustrum quihoui*	0.78
	白蜡 *Fraxinus chinensis*	0.15
	连翘 *Forsythia suspensa*	2.10
榆科 Ulmaceae	朴树 *Celtis sinensis*	1.96
	大叶朴 *Celtis koraiensis*	0.15
	小叶朴 *Celtis bungeana*	0.29
樟科 Lauraceae	山胡椒 *Lindera glauca*	1.42
金缕梅科 Hamamelidaceae	枫香 *Liquidambar formosana*	1.23
木通科 Lardizabalaceae	三叶木通 *Akebia trifoliata*	1.13
漆树科 Anacardiaceae	黄连木 *Pistacia chinensis*	1.11
	漆树 *Toxicodendron vernicifluum*	0.98
柿树科 Ebenaceae	君迁子 *Diospyros lotus*	1.08
马鞭草科 Verbenaceae	黄荆条 *Vitex negundo*	0.97

续表 4-4

科名	种名	重要值
山矾科 Symplocaceae	白檀 *Symplocos paniculata*	0.84
	山矾 *Symplocos sumuntia*	0.32
槭树科 Aceraceae	三角槭 *Acer buergerianum*	0.23
	五角枫 *Acer oliverianum*	0.47
	青榨槭 *Acer davidii*	0.58
八角枫科 Alangiaceae	八角枫 *Alangium chinense*	0.55
百合科 Liliaceae	菝葜 *Smilax china*	0.53
	玉竹 *Polygonatum odoratum*	0.34
	麦冬 *Ophiopogon japonicus*	2.13
鼠李科 Rhamnaceae	鼠李 *Rhamnus davurica*	0.49
	勾儿茶 *Berchemia sinica*	0.19
桑科 Moraceae	构树 *Roussonetia papyrifera*	0.44
	桑树 *Morus alba*	0.29
卫矛科 Celastraceae	卫矛 *Euonymus alatus*	0.32
	大花卫矛 *Euonymus grandiflorus*	0.31
豆科 Leguminosae	刺槐 *Robinia pseudoacacia*	0.31
	黄檀 *Dalbergia hupeana*	0.31
	山合欢 *Albizia kalkora*	0.30
	山蚂蝗 *Desmodium racemosum*	0.15
	国槐 *Robinia pseudoacacia*	0.15
	歪头菜 *Vicia unijuga*	0.20
	紫藤 *Wisteria sinensis*	0.32
禾本科 Gramineae	茶杆竹 *Pseudosasa amabilis*	0.31
	箬竹 *Indocalamus tessellatus*	0.27
	显籽草 *Phaenosperma globosa*	13.54
	求米草 *Oplismenus undulatifolius*	6.76
	桂竹 *Phyllostachys bambusoides*	0.15
	荩草 *Arthraxon hispidus*	1.54
	毛竹 *Phyllostachys edulis*	0.44
木兰科 Magnoliaceae	岩花海桐 *Pittoaporum tobira*	0.29
	五味子 *Schisandra chinensis*	0.23
虎耳草科 Saxifragaceae	山梅花 *Philadelphus incanus*	0.27
椴树科 Tiliaceae	椴树 *Tilia tuan*	0.23
锦葵科 Malvaceae	木芙蓉 *Hibiscus mutabilis*	0.2

续表4-4

科名	种名	重要值
梧桐科 Sterculiaceae	青桐 *Firmiana platanifolia*	0.18
安息香科 Styracaceae	垂珠花 *Styrax dasyanthus*	0.18
冬青科 Aquifoliaceae	冬青 *Ilex chinensis*	0.16
野茉莉科 Styracaceae	玉玲花 *Styrax obassia*	0.16
忍冬科 Caprifoliaceae	郁香忍冬 *Lonicera fragrantissima*	0.16
	荚蒾 *Viburnum dilatatum*	0.15
杉科 Taxodiaceae	杉木 *Cunninghamia lanceolata*	0.15
楝科 Meliaceae	楝树 *Melia azedarace*	0.15
三尖杉科 Cephalotaxaceae	粗榧 *Cephalotaxus sinensis*	0.15
芸香科 Rutaceae	竹叶椒 *Zanthoxylum Planispinum*	0.15
灰木科 Symplocaceae	灰木 *Symplocos chinensis*	0.15
杜鹃花科 Ericaceae	映山红 *Rhododendron simsii*	0.15
茜草科 Rubiaceae	鸡矢藤 *Paederia scandens*	3.76
	六月雪 *Serissa japonica*	0.15
五加科 Araliaceae	长春藤 *Hedera helix*	1.31
	楤木 *Aralia chinensis*	0.15
莲座蕨科 Angiopteridaceae	马蹄蕨 *Angiopteris fokiensis*	0.80
夹竹桃科 Apocynaceae	络石 *Trachelospermum jasminoides*	7.17
莎草科 Cyperaceae	羊胡子草 *Carex rigescens*	2.41
蓼科 Polygonaceae	头状蓼 *Polygonum microcephalum*	1.04
	红蓼 *Polygonum orientale*	0.31
	刺蓼 *Polygonum senticosum*	0.28
葡萄科 Vitaceae	爬山虎 *Parthenocissus tricuspidata*	11.87
	山葡萄 *Vitis amurensis*	0.84
	乌敛莓 *Cayratia japonica*	0.68
凤尾蕨科 Pteridaceae	凤尾蕨 *Pteris cretica*	0.80
葫芦科 Cucurbitaceae	绞股兰 *Gynostemma pentaphyllum*	0.69
菊科 Compositae	艾 *Artemisia argyi*	0.21
	矮蒿 *Artemisia lancea*	0.36
马兜铃科 Aristolochiaceae	马兜铃 *Aristolochia debilis*	0.32
败酱科 Valerianaceae	黄花败酱 *Patrinia scabiosaelia*	0.25
报春花科 Primulaceae	聚花过路黄 *Lysimachia congestifolora*	0.21
薯蓣科 Dioscoreaceae	薯蓣 *Dioscorea opposita*	0.21
鸭趾草科 Commelinaceae	鸭趾草 *Commelina communis*	0.20
紫草科 Boraginaceae	紫草 *Lithospermum erythrorhizon*	0.20

两种林分中,重要值较高的物种中均有乔木栓皮栎(*Quercus variabilis*)、麻栎,灌木悬钩子(*Rubus corchorifolius*)、山胡椒(*Lindera glauca*)及草本络石、显籽草。

4.4.2　两种植被类型群落不同层次植物物种多样性

落叶阔叶林中,物种数顺序为乔木＝灌木＞草本,Simpson 指数、Shannon-Wiener 指数和均匀度指数均表现为乔木层＞灌木层＞草本层。针阔混交林中,物种数灌木＞乔木＞草本,Simpson 指数、Shannon-Wiener 指数和均匀度指数均表现为乔木层＞灌木层＞草本层(见表4-5)。

表4-5　两种植被类型群落各层次的植物物种多样性

植被类型	层次	物种数	Simpson 指数	Shannon-Wiener 指数	均匀度指数
落叶阔叶林	乔木	33	0.934 8	4.284 7	0.849 4
	灌木	33	0.900 5	4.006 4	0.794 2
	草本	19	0.825 6	3.105 0	0.730 9
针阔混交林	乔木	33	0.922 3	4.096 1	0.812 0
	灌木	42	0.887 1	3.995 2	0.740 9
	草本	29	0.850 1	3.149 0	0.648 2

鸡公山国家级自然保护区两种植被类型群落中乔木物种数均为33 种,而 Simpson 指数、Shannon-Wiener 指数、均匀度指数均表现为落叶阔叶林＞针阔混交林($P > 0.05$);灌木物种数落叶阔叶林＜针阔混交林($P > 0.05$),Simpson 指数、Shannon-Wiener 指数、均匀度指数均表现为落叶阔叶林＞针阔混交林($P > 0.05$);草本物种数、Simpson 指数、Shannon-Wiener 指数均表现为落叶阔叶林＜针阔混交林($P > 0.05$),而均匀度指数表现为落叶阔叶林＞针阔混交林($P > 0.05$),见表4-5。

4.4.3　两种植被类型植物群落相似性

4.4.3.1　两种植被类型同一层次植物群落相似性

两种植被类型三个层次 Jaccard 相似系数均介于 0.25 ~ 0.50,为中等不相似,其中乔木层的 Jaccard 相似系数最高(0.466 7),共有植物有枫香(*Liquidambar formosana*)、麻栎和黄连木(*Pistacia chinensis*)等;草本层次之(0.371 4),共有植物有络石、求米草(*Oplismenus undulatifolius*)和显子草等;灌木层最低(0.363 6),共有物种有黄荆条(*Vitex negundo*)、连翘和悬钩子等(见表4-6)。

表4-6　两种植被类型各层次植物群落相似性

植被类型	针阔混交林		
落叶阔叶林	乔木	灌木	草本
乔木	0.466 7	—	—
灌木	—	0.363 6	—
草本	—	—	0.371 4

4.4.3.2　同一植被类型不同海拔间植物群落相似性

两种植被类型 3 个海拔之间植物群落 Jaccard 相似系数均介于 0.25 ～ 0.50,为中等不相似。落叶阔叶林中,海拔 200 m 与 400 m 的 Jaccard 相似系数最高(0.455 7);海拔 200 m 与 600 m 的次之(0.341 2);海拔 400 m 与 600 m 的最低(0.329 1),3 个海拔之间共有物种主要有麻栎、山胡椒和求米草等。针阔混交林中,海拔 200 m 与 600 m 的 Jaccard 相似系数最高(0.404 8);海拔 400 m 与 600 m 的次之(0.314 6);海拔 200 m 与 400 m 的最低(0.300 0),三个海拔之间共有物种主要有马尾松、爬山虎(*Parthenocissus tricuspidata*)和络石等(见表4-7)。

表4-7　两种植被类型不同海拔植物群落相似性

植被类型	海拔	200 m	400 m	600 m
落叶阔叶林	200 m	1	0.455 7	0.341 2
	400 m	—	1	0.329 1
	600 m	—		1
针阔混交林	200 m	1	0.300 0	0.404 8
	400 m	—	1	0.314 6
	600 m	—		1

4.4.4　鸡公山两种植被类型群落植物多样性海拔格局

落叶阔叶林中,200 m、400 m、600 m 三个海拔植物物种数分别为32、20 和14,由此看出海拔 200 m 植物物种数最多,海拔 600 m 植物种类最少,三个海拔之间植物物种数量差异显著($P < 0.05$);Shannon-Wiener 指数表现为海拔 200 m > 400 m > 600 m,其中 400 m 与 600 m 海拔之间差异显著($P < 0.05$);Simpson 指数与均匀度指数均是海拔 600 m > 200 m > 400 m,其中 200 m 与 400 m 海拔之间 Simpson 指数差异显著($P < 0.05$), 200 m 与 400 m、600 m 海拔之间均匀度指数差异均达到显著水平($P < 0.05$),见图4-1。

针阔混交林中,物种数、Shannon-Wiener 指数、Simpson 指数与均匀度指数均为 200 m > 400 m > 600 m 海拔,其中物种数三海拔之间差异显著($P < 0.05$),Shannon-Wiener 指数 600 m 与 200 m、400 m 海拔之间均存在显著差异($P < 0.05$),Simpson 指数与均匀度指数均为 400 m 与 600 m 海拔之间差异显著($P < 0.05$),见图4-1 。

4.5　结论与讨论

采用典型取样法,沿 200 m、400 m 与 600 m 三个海拔对鸡公山自然保护区落叶阔叶林和针阔混交林两种典型植被类型群落进行了调查。在 18 个标准样方中共记录维管束植物 60 科98 属137 种,其中落叶阔叶林 43 科69 属85 种,针阔混交林 53 科81 属104 种。

同一林分不同层次的植物物种多样性指数存在一定的差异(陈亚锋等,2011)。鸡公

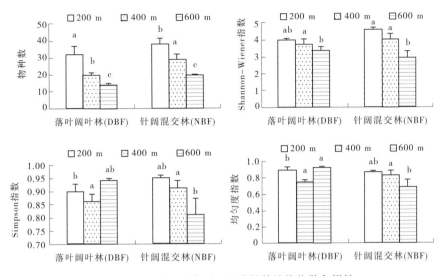

图 4-1　两种植被类型不同海拔的植物物种多样性

山两种植被类型不同层次植物物种多样性较高,总体特征大致相同。其中,Simpson、Shannon-Wiener 指数、均匀度指数两种林分均表现为乔木层 > 灌木层 > 草本层,这与杭州西湖山区(邓志平等,2008)、河南宝天曼自然保护区(史作民等,2002)及山东蒙山(高远等,2009)等地区的研究结果不同,这可能是由于乔木层植被的林冠郁闭度差异在一定程度上影响着林下灌木及草本的生长(郝占庆等,2001)。鸡公山地处暖温带—亚热带过渡区,降水量较为充沛,乔木生长比较旺盛,乔木层植被林冠郁闭度较高,从而抑制了林下灌木及草本植被的生长。鸡公山自然保护区禁止砍伐等保护措施的实施,在很大程度上保护了乔木及灌木树种,但人为的采集栎类植被的种子以及旅游客流量的增加对林下植被层植被影响破坏较大。两种植被类型之间三个层次的各项多样性指数不同,乔木层和灌木层的 Simpson 指数、Shannon-Wiener 指数、均匀度指数均为落叶阔叶林 > 针阔混交林($P > 0.05$)。近年来鸡公山实施了较大范围的人工造林,林分主要以落叶阔叶林和针阔混交林为主,但由于受气候、土壤、人为活动等多方面的因素影响,以杉木、马尾松等为主的针叶树种生长状况弱于以麻栎、栓皮栎为主的阔叶林,呈现出向阔叶林演替的趋势,具体的演替方向还需长期观测研究。

　　两种植被类型三个层次 Jaccard 相似系数均介于 0.25 ~ 0.50,为中等不相似,表明两种林分植物物种间存在明显的差异性,鸡公山独特的气候条件和特殊的地理位置使得南北方植物共同生长,这为研究气候交错区植被特征提供了良好条件。两种植被类型三个海拔植物群落 Jaccard 相似系数均介于 0.25 ~ 0.50,为中等不相似。这可能是由于海拔对植物物种的分布有影响(张文等,2011),随着生境的改变(马凯等,2011),相同林分不同海拔表现出明显差异性,但相似系数随海拔的变化并未表现出明显规律性,而沈蕊等(2010)、张磊等(2011)的研究结果表明海拔接近区域的植被群落相似系数较高,反之则较低。海拔、坡向(庄树宏等,1999)等地形因素通过影响光照、温度、水分以及群落郁闭度等自然因素共同作用于群落相似系数(陈继东等,2013),而本研究在样地的选取上并未考虑坡向等因素,在较小程度上影响群落的相似系数(张文等,2011)。

　　海拔是影响植物物种多样性的一个重要因素,不同海拔的植物多样性能反映出群落的生态学特征和植物对环境的适应能力(Itow,1991;Peek,1978;Whittarer et al,1975;Wilson et al,1990)。关于海拔与植物多样性的关系,不同学者的研究结果存在着差异,植物多样性指数与海拔呈负相关(岳明等,2002)或正相关(张峰等,2002)。王燕等(2009)的研究表明,植物物种多样性随海拔分布规律为中海拔最高,低海拔次之,高海拔最低;也有研究(贺金生等,1998)表明物种多样性没有表现出明显的随海拔梯度的变化规律。鸡公山自然保护区位于海拔120~810 m,海拔较低,跨度较小,随着海拔的升高,温度降低,土壤厚度减少,土壤蓄水量降低,两种林分植物多样性指数与海拔均呈负相关。海拔对植物多样性的影响是多方面的,群落分布区的坡位、坡度和坡向、有机质含量以及人为干扰等都有可能对植物群落物种多样性指数在海拔梯度上的分布产生影响(唐志尧等,2004)。随着旅游业的发展及不合理的人类活动,鸡公山3个不同海拔的植被均有不同程度的破坏,人为干预(包维楷等,2000;游水生,2001;韩景军等,2002)已成为影响鸡公山自然保护区植物多样性的重要因素之一,相关部门应该采取相应的措施,如合理的规划旅游线路,设置缓冲区和隔离带(王明辉,2009),适时地进行间伐、抚育、封山育林工作(万明利,2006),禁止采集乔木种子,保护和繁育濒危的珍稀植物。

第 5 章　鸡公山落叶阔叶林生态系统水量平衡研究

森林是陆地生态系统的主体,水是森林生态系统物质循环的重要物质,森林水文效应是生态系统中森林和水相互作用及其功能的综合体现。森林植被变化对森林水文过程的影响将会改变水量平衡的分配格局,影响森林的水分状况和河川径流(石培礼,2001)。

5.1　森林水文研究概述

5.1.1　国内外森林水文研究历史概况

国外森林和水的关系的科学研究始于 20 世纪初,森林水文研究早期发展阶段主要集中在森林变化(主要是砍伐森林)对流域产水量的影响,1900 年瑞士埃曼托尔(Emmental)山地的 2 个小流域对比试验是现代森林水文学实验开端的标志(王礼先,1998)。20 世纪 50 年代,森林水文学开始向 2 个主要方向发展:一方面致力于森林水文机制和水文特征的研究,探讨森林中水分运动规律,包括降水树冠截留、地被物截留、土壤渗透等;另一方面,随着生态学理论的发展,开始从单一的森林植被对有关水文学现象的影响转移到水分循环与能量流动、物质循环和水质变化等紧密联系在一起的生态系统水平,从宏观上阐明森林生态系统的基本功能与水文特征的相互关系(于志民等,1999;Mc Culloch et al,1993)。20 世纪 60 年代,美国生态学家 Bormann 和 Likens 提出了森林小集水区技术,开创了森林生态系统研究和森林水文学研究相结合的先河。进入 20 世纪 80 年代,森林水文学发展到一个崭新的阶段,森林水文生态功能被划分为 3 个相互联系的领域,森林对水分循环量、质的影响,森林对水循环机制的影响,建立基于森林水文物理过程分布式参数模型。中国近代的森林水文研究始于 20 世纪 20 年代,前金陵大学美籍学者罗德民博士和李德毅先生等在山东、山西等地研究不同森林植被对雨季径流和水土保持效应的影响。20 世纪 50 ~ 60 年代,全国部分主要林区、科研单位、高等林业院校和有关业务部门先后设立了森林水文定位观测站,开展长期定位观测研究和综合水文过程的探索。20 世纪 80 年代初黄秉维教授提出"森林的作用"这一争论议题和"81·7"四川特大洪灾后,进一步推动了森林水文观测研究工作的开展。20 世纪 90 年代,刘世荣等在大尺度上系统总结了我国 10 多个森林生态定位站及水文观测点数十年的科研成果,推动我国森林水文观测研究跨入了新高度(1996)。

5.1.2　国内外森林水文研究的主要成果

在森林水文研究中,存在着两大学派(张建列等,1988)。一种学派认为,森林可以增加降水和河川径流量;另一学派认为,森林不具备增加降水的作用,森林采伐后,河水的流量不是减少,而是增加。赞同第一种观点的学者多数在苏联和中国。苏联的 B. N. Moiseev 基于对苏联西北部和上伏尔加流域 100 ~ 1 900 km² 集水区的观测研究,提出森林覆盖率每增加 10% ,小流域内的河川径流量年增加约 19 mm。西方国家普遍认同第二种观点,美国学者认为,森林耗水量很大,林区河水流量一般都小于其他植被类型和空旷地。为此,国内外森林水文工作者围绕着森林生态系统水量平衡、森林中降水分配过程以及森林对水质的影响展开了积极研究,并取得了丰硕成果。

森林对水的影响主要表现在森林植被通过对林冠蒸散和对大气降水的重新分配而影响到森林的水量平衡,从而对森林生态系统和流域的水分循环产生影响。我国开展的森林水文观测研究大多属于小尺度分析。马雪华(1992)认为在森林水分循环中,主要通过蒸发来影响径流。朱劲伟(1982)、杨海军等(1994)、张胜利等(2000)、张玲等(2001)、高人(2002)等也从不同角度研究了森林植被的水分循环和水量平衡。

5.1.2.1 森林对降水分配格局的影响

1. 林冠层与降水的分配

在森林与降水关系中,林冠截持降水是森林对降水第一次阻截,也是对降水的第一次分配。其余大部分降水通过林内降水形式到达地面枯枝落叶层,形成土壤蓄水。国外学者研究认为温带针叶林林冠截留率为 20% ~ 40% (Gash,1980;Rutter,1971;Teklehaimanot,1997;Viville,1993)。我国主要森林生态系统的林冠截留率为 11.4% ~ 36.5% ,变动系数为 6.68% ~ 55.05% ,树冠截留功能波动性大,稳定性小,其中以亚热带西部高山常绿针叶林最大,亚热带山地常绿落叶阔叶混交林最小(温远光等,1995)。林冠截留率与降水量呈紧密的负相关,一般表现为负幂函数关系(石培礼,2001)。大量研究证明,林冠截留损失受多种因素的影响,其中包括降水频率、降水强度、降水历时、风速、林冠特征等(卢俊培,1982)。目前 Rutter 模型和 Gash 解析模型是较为完善和应用广泛的林冠截流模型(张光灿等,2000)。Valente 等(1997)对这 2 个模型进行了修正并较好地模拟了稀疏林冠的降雨截流过程。

穿透降水量与林分密度成反比,随树冠截留增加而减少,随离树干距离增大而增加,数值上等于降水量减去树冠截留量与树干径流量之和。加拿大 Mahendrappa(1984)确定了计算穿透降水(Y)的回归模型:$Y = bX - a$(其中 X 为降水量,b 为斜率,a 为回归线升角)。美国 Raich(1983)通过对哥斯达黎加的湿地松成林和演替林观测,发现成林穿透降水占总降水量的 52% ,演替林占 68% 。德国 Weihe(1983)通过对云杉林的观测,得出稀疏林穿透降雨为 77.6 mm,郁闭林为 38.7 mm。森林树干径流量很小,通常占降水量的 5% 以下,很少超过 10% ,在我国东部主要针阔叶树种中,栎类的干流量较大(周晓峰等,2001)。在水量平衡中,树干径流量基本可以忽略不计,但树干径流在研究大气降水化学输入、可溶性物质淋溶及森林对水质的影响中有重要意义(于志民等,1999;李凌浩等,1994)。

2. 枯枝落叶层与降水的分配

森林枯枝落叶层具有较大的水分截持能力,从而影响穿透降水对土壤水分的补充和植物的水分供应(Putuhena et al,1996)。枯枝落叶层具有比土壤更多更大的空隙,因而水分易蒸发。Kelliher 研究表明,不同类型的森林枯枝落叶层的蒸发占林地总蒸发散的

3%～21%(1989)。枯枝落叶层吸持水量一般可达自身干重的 2～4 倍,森林枯落物最大持水率平均为 309.54%(刘世荣等,1996)。枯枝落叶层吸持水能力的大小与森林流域产流机制密切相关,并受枯落物组成、林分类型、林龄、枯落物分解状况、累积状况、前期水分状况、降水特点的影响。

3. 林地土壤层与降水的分配

林地土壤水分入渗和水分储存对森林流域径流形成机制具有重要意义。一般森林土壤疏松,物理结构好,孔隙度高,相比其他土地利用类型具有更高的入渗率。对于良好的森林土壤,其土壤稳定入渗率高达 8.0 cm/h 以上,林地入渗过程的模拟以 Philip 模型为主(Dunne,1978)。土壤渗透能力通常与非毛管孔隙度呈显著正相关,林地土壤具有较大孔隙度,特别是非毛管孔隙度大,从而加大了林地土壤入渗率、入渗量。有研究表明,阔叶红松林皆伐形成的草地的初渗率和稳渗率只相当于原始红松林的 30%～60%,大大降低了森林土壤的渗透性能(朱劲伟,1982)。森林土壤蓄水量与土壤厚度和土壤孔隙度密切相关,杉木人工林、间伐林和皆伐迹地土壤储水能力分别为 1 220 t/hm²、1 030 t/hm² 和 860 t/hm²,皆伐迹地土壤蓄水能力最低(田大伦等,1993)。

4. 森林与蒸发散

森林蒸发散影响因素较多,又具有极大的时空变异性。因此,将小尺度田间试验结果外推到较大坡面或尺度,势必影响到准确性(张志强等,2003)。Riekerk 采用窝式双箱渗透计测定树木最大蒸腾量可达 11 mm/d(张建列等,1988);Dunin 等采用氚示踪法测定 67 年生的挪威云杉,其蒸腾量占降水量的 88%(张建列等,1988)。我国开展森林蒸发散的观测研究始于 20 世纪 60 年代初,研究结果表明,蒸发散量最大占降水量的 40%～80%(刘世荣等,1996;马雪华,1992;朱劲伟等,1982)。森林蒸发散受树种、林龄、海拔、降水量及其他气象因子的影响,随纬度的降低、降水量增加,森林蒸发散量略呈增加趋势,相对蒸发散则减少(刘世荣等,1996;黄礼隆,1989)。

5. 森林与径流

森林与径流的关系一直是国内外学术界长期争论的一个问题,争论的焦点是森林植被的存在能否提高流域的径流量。美国相关研究表明(Swank,1988),在 Coweeta 集水区内,清除森林,可以增加大约 15% 的平均径流量和洪峰流量。阿巴拉契亚水文区的 29 个对比流域试验、东部海岸平原水文区的 7 个对比流域试验也得到了相似的结论。1948 年德国在 Harz 山上部地区建立了 2 个面积约 0.75 km² 的小集水区,其中 Wintertal 为云杉林覆盖,而 Lange Bramke 森林被砍伐,以草地覆盖(Liebscher,1972),研究表明,Lange Bramke 由于森林的重新恢复导致水流量减少,而 Wintertal 由于森林被砍伐而使年水流量增加。1924 年日本在爱知县进行流域试验,结果表明,森林被采伐后可增加直接径流 15%～100%,森林完全采伐后,年径流量增加 300 mm 左右。1958 年在上川等 4 个试验流域以及 1966～1972 年在木曾川等 4 个流域进行的测定也得到相似的结论。而苏联学者的研究认为,总体上森林可增加流域产流量。Rahmanov 在伏尔加河上游 19 100 km² 的流域内设 50 个观测站进行观测,发现随着流域内森林面积的增加,年径流总量和夏、秋、冬季的径流量均增加,春季径流量减少。Opritova 在远东乌苏里江上游试验流域也得出相似的结论。我国森林集水区研究始于 20 世纪 60 年代,研究主要集中在森林植被覆盖率变化与流域径流量变化的关系。刘世荣等对我国有关森林水文生态效应的集水区研究做了比较全面细致的总结和对比,从地跨寒温带、温带、亚热带、热带的小集水区试验以及黄河流域、长江流域等较大集水区的研究结果来看,多数结论认为森林覆盖率的减少会不同程度地增加河川年径流量(刘世荣等,1996)。但在四川省西部米亚罗高山林区、岷江上游冷杉林小集水区以及长江流域4对大流域的对比研究表明,森林流域年径流量较无林或少林流域大(马雪华,1992;黄礼隆,1989)。

5.1.2.2 森林对径流泥沙和水质的影响

1. 森林对径流泥沙的影响

国内外在森林对土壤侵蚀影响的研究方面,由于各自从不同的学科领域出发,针对不同的自然社会经济条件,在研究方法、研究尺度与研究对象上均有显著的差别(Bormann,1979;Mitchell,1990)。我国在人工防护林水土保持效益方面开展了较为广泛而深入的研究。许静仪研究表明,森林可削减年侵蚀深度94.7%,既使降水量达32.3 mm 和121.6 mm,其拦沙作用只下降了3.2%(1981)。魏秉玉通过试验也证明了森林小流域基本没有泥沙流失。马雪华认为,岷江上游森林的采伐可使河流年平均含沙量增加1~3倍(1981)。油松刺槐混交林地可减少土壤侵蚀的96%;在天然降水条件下,荒坡产沙量是刺槐林地的4.1~12.4倍,是油松林地的19.2~44.8倍(王礼先等,1998)。不同的乔木和灌木树种对流经森林地带的水质所起的作用是不同的(马雪华,1989)。

2. 森林对水质的影响

近年来,定量评价大气污染对森林流域水文循环、化学物质输入输出变化以及森林水质的影响受到了广泛重视(Brechtel et al,1994)。苏联研究表明,农田集水区下部的森林有助于从本质上净化径流水质,排除污染成分和固体径流。日本研究表明,林内降雨和树干径流中的钠、钾、钙、镁、磷、硝态氮等的含量均有所增加,而树干径流增幅较大;地表径流中钠含量有较大增加,而氨态氮、硝态氮含量有较大减少。美国研究表明,采伐后处于植被自然恢复阶段的流域,与壮龄阔叶林流域相比,前者溪流中 NO_3^- 量较多,在部分因虫害而落叶的壮龄阔叶林流域,NO_3^- 流失量也有所增加。同时对壮龄阔叶林试验流域的溪流水和雨水的养分含量测定表明,溪流水中的 Ca^{2+}、Mg^{2+}、K^+、Na^+ 在一年中的收支量为负值,分别减少2.39 kg/hm²、2.34 kg/hm²、3.30 kg/hm²、5.93 kg/hm²,而 NH_4-N、NO_3-N、PO_4-P、Cl^- 为正值,分别增加0.47 kg/hm²、2.85 kg/hm²、0.16 kg/hm²、2.28 kg/hm²。

我国开展的森林水质研究主要集中在森林生态系统本身的营养循环上,有关森林植被变化对溪流、水库水质的影响研究较少,是一个比较薄弱的环节。田大伦等(1989)研究表明,大气降水中含有85种以上有机化合物,且多数为环境污染物,这些污染物经过林冠层、地被物和土壤层的过滤、截留作用,不仅种类减少,而且含量明显降低,可使有害物质的浓度低于1 μg/L。

5.1.3 研究的目的和意义

模拟森林与水的关系历来是森林生态功能及其环境效益的研究热点,也是森林与人类联系最为紧密的最佳切入点。自19世纪末20世纪初,欧洲和北美将森林水文学设立为一个独立的学科分支,森林水文研究在过去100多年得到了迅速发展。这是因为"森林对水的影响是森林最重要的生态功能,是森林与人民生活和生产关系最紧密的一个方面"(吴中伦,1993)。由于研究方法的局限性、森林生态系统自身的复杂性以及研究区域的不可比性,导致了森林水文生态效益研究结果的差异性,不同地域的结论只能代表该地区的特点。为此,今后的森林水文观测研究,应分地带、尺度和不同的森林植被类型,加强对不同区域森林水文特征的观测研究,并开展森林水文生态效益分析评价才具有实际意义。

落叶阔叶林是豫南山区的地带性植被,也是该区域天然林演替的顶级群落。该区域落叶阔叶林由于其复杂的树种组成和层次结构而具有独特的水文特征和显著的水文生态功能。本研究依托河南鸡公山森林生态站,选取天然次生落叶阔叶林作为主要观测研究对象,依据鸡公山森林生态站 2006 年以来的森林水文、气象长期观测、试验数据,应用小集水区技术,系统研究了落叶阔叶林水量平衡特征及其水文生态功能,并与该区域的针阔叶混交林、人工杉木林和毛竹林 3 种林型的坡面径流、泥沙流失量等水文生态功能做了比较分析。探索鸡公山落叶阔叶林与水的关系,研究并揭示鸡公山落叶阔叶林的水文生态功能,可为正确评价小流域森林水文生态效益提供理论依据,同时对指导区域森林资源的经营管理、小流域综合治理以及地方林业重点生态工程建设均具有重要意义。

5.2   观测研究区域概况

试验区域位于河南鸡公山森林生态系统定位研究站内,其地理坐标为东经 114°01′ ~ 114°06′、北纬 31°46′ ~ 31°52′。该区域气候温暖湿润,具有北亚热带向暖温带过渡的季风气候和山地气候的特征。年均温 15.2 ℃,多年平均降水量 1 118.7 mm,降水主要集中在 4 ~ 9 月,占全年降水量的 79%,年均蒸发量 1 373.8 mm。天然次生落叶阔叶林是该区域的地带性植被,也是天然林演替的顶极群落。鸡公山现存植被类型主要有落叶阔叶林、针阔叶(松栎)混交林等天然次生林以及马尾松林、杉木林和毛竹林等人工林。

选择有代表性的落叶阔叶林作为试验林分。试验林分中心点地理坐标为东经 114°05.675′、北纬 31°51.679′。在试验林分内设置面积为 30 m × 30 m 的标准地。标准地坡向东北,中坡位,坡度 20°,土壤类型为黄棕壤,土层厚度 30 ~ 60 cm;乔木树种主要有栓皮栎、枫香、化香和麻栎等,其中栓皮栎占 50 %,枫香占 30 %;乔木层分为两层,复层结构良好;林分郁闭度 0.85,平均树高 22 m,平均胸径 25.6 cm。林龄 50 年以上,实行封育经营,封育期 30 年以上。

5.3   主要研究内容与观测研究方法

5.3.1   主要研究内容

(1)典型小集水区水量动态变化及其与气象因子的关系,包括不同林分类型坡面径流的月动态、坡面径流与气象因子的关系以及小集水区径流量的动态变化特征等。

(2)落叶阔叶林林冠层水量平衡研究,包括大气降水输入及其特征、降水分量的分配格局以及林冠层的水量平衡研究等。

（3）落叶阔叶林林地土壤层水分含量动态变化及其与气象因子的关系,包括土壤水分含量月动态、土壤蓄水随土层深度变化特征以及土壤层水分含量变化与气象因子的关系等。

（4）落叶阔叶林生态系统水文生态功能评价,结合观测研究结果分别对天然次生落叶阔叶林不同层次的水文生态功能做出科学评价,并与人工杉木林等进行比较。

5.3.2　观测研究方法

在试验林分内外布设观测设施和仪器设备,对大气降水、林内降水量、树干径流量、凋落物层截持水量、土壤储水量以及坡面径流、小集水区径流量等因子进行长期连续观测（张胜利等,2000;陈祥伟,2001）。

5.3.2.1　气象因子的测定

大气降蒸发量数据来源于鸡公山森林生态站综合观测场内安装的 Campbell 自动气象观测系统观测资料。观测场内同时安装有 1 套人工观测气象设备,作为对照观测,可对大气降水和蒸发量等自动观测气象因子进行校正。

5.3.2.2　林内穿透降水量和树干径流量的测定

穿透降水量采用美国产 Onset 自记雨量计测定。在试验林分内随机布设 6 个沟槽状矩形雨水收集器,雨水收集器底部出水口通过聚乙烯管与自记雨量计相连,自记雨量计用于连续记录穿透水量。

树干径流量采用国产 FR 型自动采集式翻斗流量计测定。按重要值和径阶选择标准木,加权计算各径级和林分的树干径流量。共选择标准树 6 株,在树干约 1.3 m 处用一端剖开的聚乙烯管缠绕样树,固定并封严胶管和树干之间的空隙,用胶管将水分引出至翻斗流量计。按每株树的树冠投影面积换算成单位面积的径流量。

5.3.2.3　小集水区径流量的测定

小集水区径流量采用美国产 Onset 自记水位记录仪测定。

选择有代表性的天然次生落叶阔叶林（面积 6.3 hm²）和人工杉木林分（面积 1.3 hm²）类型小集水区各 1 个,在 2 个小集水区出水口处各设置三角形测流堰 1 座,测流堰顶角均为 45°,测流堰静水井内安装的水位记录仪自动记录堰槽水位变动情况,根据水位记录仪采集的水位变化与流量之间的关系,测算小集水区径流量。为了提高测算精度,在堰壁上安装水位尺,对水位记录仪测定的水头水位定期进行校正。

5.3.2.4　坡面径流的测定

坡面径流主要采用国产 FR 型自动采集式翻斗流量计采集观测数据,同时结合人工观测进行辅助测定。

采用并行流域试验法,选择地形、地质、土壤、气象等条件相似的天然次生落叶阔叶林、针阔叶（松栎）混交林、人工杉木林和毛竹林等 4 种林分,设置面积为 100 m²（5 m×20 m）坡面地表径流场各 2 个,其中落叶阔叶林和杉木林径流场均设置在小集水区内。

人工观测,在径流场顺坡下方设集流槽和容量为 0.8 m³ 的上口封闭承水池,承水池内壁安装水位尺。1 次降水结束、地表径流终止后,揭开承水池盖板,然后读取承水池内壁水位刻度,测算地表径流量。根据雨量大小确定采集频率,中到大雨每次下雨后需及时采集数据,小雨一般每 2~3 场雨采集一次。

5.3.2.5　土壤水分含量的测定

在试验林分内建立 30 m 高综合观测塔 1 座,塔上安装 1 套美国 Campbell 梯度气象自动观测系统,4 个 CS616 型土壤体积含水量传感器通过缆线与 CR1000 数据采集器相连,分别用于连续自动观测同一土壤坡面 10 cm、20 cm、30 cm、50 cm 四个不同深度处的土壤水分含量,数据采集器每 30 min 采集 1 组土壤水分含量数据,计算分析土壤水分含量变化。同时采用烘干称重法的测定结果与之对比,用于校正自动观测数据。

5.3.2.6　凋落物持水量和截留量的测定

在试验林分内坡面上部、中部、下部与等高线平行各设置一条样线,在每条样线上等距设置 5 个 1 m × 1 m 的小样方作为采样点,共设置 15 个采样点。将小样方内所有现存凋落物按未分解层和半分解层分别收集,装入尼龙袋中,带回实验室。

将样品用精密电子天平称重并记录,然后用烘箱在 70~80 ℃下将样品烘干至恒重,冷却后称重,得样品干重和自然含水量,以 mm 为单位表示的含水量多少。

凋落物持水量的测定参照 3.5.4.1/7. 凋落物层含水量观测。

同时取烘干样品浸水 24 h 后迅速称重,计算最大持水量和 1 次降水截留量。每月月初或降雨后收集凋落物。

5.3.2.7　林分蒸散量的计算

林分的蒸散量由于受蒸腾强度、叶量大小、蒸发面的水分状况及大气温度、湿度、土壤水分状况等多重因子制约,很难直接测定。本研究根据水量平衡公式:$E = P - R - \Delta W$,推算林分蒸散量(翟洪波等,2004)。式中:P 为大气降水量,mm;R 为径流量,mm;ΔW 为土壤储水变化量,mm;E 为蒸散量,mm。

5.3.2.8　泥沙流失量测定

每次降水产流后从人工观测的坡面径流场承水池和测流堰堰槽采集水样。采集水样前,先将池内水充分搅拌均匀,分层取出水样 2~3 个(总量 1 000~3 000 mL),混合后从中取出 500~1 000 mL 作为待测水样。待测水样先静置 24 h,清水用量筒量测,泥沙烘干测算径流含沙率,结合测流堰沉沙池定期清理的泥沙淤积量,推算土壤侵蚀量。

5.3.2.9　数据管理与数据处理

数据储存与管理,所有外业观测、调查数据均实行统一命名、储存,分类建立文件夹,电子归档和管理,并保存备份文件。用 SPSS 17.0 和 Excel 2007 软件进行数据处理。

5.4　研究结果与分析

5.4.1　小集水区水量动态变化

5.4.1.1　落叶阔叶林土壤水分含量动态变化

1. 林地土壤水分含量月动态

土壤水分的月动态,即土壤水分在年周期内,随深度和时间发生的变化,与当地气候、植被、地质地貌和土壤性质等都有密切的关系。将梯度气象观测系统自 2006 年 11 月至

2008 年 12 月每 30 min 采集一组的落叶阔叶林不同深度土壤水分数据取月平均值(见表 5-1)。做出土壤水分含量随时间的变化图(见图 5-1)。

表 5-1　不同深度土壤水分含量　　　　　　　　　　　　　(%)

测定深度(cm)	样本数	均值	最大值	最小值	标准差	样本方差	变异系数
10	26	12.664	17.094	7.092	2.135	4.557	0.169
20	26	13.825	18.710	7.214	2.685	7.210	0.194
30	26	12.981	18.558	7.136	3.051	9.310	0.235
50	26	15.959	24.695	6.471	5.249	27.551	0.329

　　土壤水分含量变化主要取决于降水、气温等气象条件。落叶阔叶林不同深度的土壤水分含量随季节变化均发生明显的周期性变异,且各层土壤水分月动态变化趋势基本一致(见图 5-1)。一般在冬季(每年的 11 月至翌年 3 月),由于降水量较少,土壤水分含量相对较低,同时由于温度偏低,林地土壤及植被蒸发散较弱,土壤水分变化较为平稳,变化量值较小。在降水比较集中的雨季(每年的 4~9 月),土壤水分含量相对较高,变化量值较大。2008 年 6 月,土壤水分含量降到最低值,出现这一反常现象主要是由于当月降水量较往年同期明显偏低,同时由于温度较高,植被生命活动较为旺盛,林地土壤及植被蒸发散强烈,土壤失水严重所致。不同深度处土壤水分含量,50 cm > 20 cm > 30 cm > 10 cm;变异幅度随深度增加而增加,即 50 cm > 30 cm > 20 cm > 10 cm(见表 5-1)。这主要是由于试验林分土层较薄,厚度仅 30~60 cm,降水降落到林地表层水分下渗,当土壤吸持水分达到饱和后部分水分在土层下积结致使近底层土壤水分含量较高,变异幅度较大;同时表层土壤由于覆被较好、渗透性能良好,变异较为平缓。

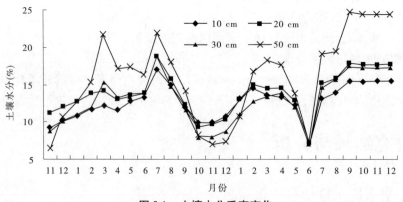

图 5-1　土壤水分垂直变化

　　用 t 检验法对不同深度处土壤水分含量差异作多重比较表明,50 cm 深度与 10 cm、30 cm 深度之间相比,差异均达到极显著水平;与 20 cm 深度之间相比,差异达到显著水平;20 cm、30 cm、10 cm 三个土层深度之间土壤水分含量差异均未达到显著水平(见表 5-2)。

表 5-2　不同深度土壤水分含量差异比较

测定深度(cm)	平均含水量(%)	$\bar{x}_i - \bar{x}_1$	$\bar{x}_i - \bar{x}_3$	$\bar{x}_i - \bar{x}_2$
50	15.959	3.295**	2.978**	2.134*
20	13.825	1.161	0.844	
30	12.981	0.317		
10	12.664			

注:**表示差异达到极显著水平,*表示差异达到显著水平。

2. 土壤水分含量变化与降水量的拟合模型

森林土壤的水分含量取决于气候条件(季节变化、森林类型、组成成分、林分密度、林龄及植被根系分布的深度等,马雪华,1993)。将月降水量作为自变量,不同深度处土壤水分含量(月平均值)作为因变量,通过回归分析,得到降水量与土壤水分含量二者之间的数学回归模型(见表5-3)。10 cm、20 cm、30 cm、50 cm 四个测定深度的土壤水分含量与降水量的相关系数分别达到0.727、0.772、0.786、0.626,用 t 检验法检验结果表明,四个模型置信度均在99%以上,可见拟合结果很好,模型是可行的。本研究也曾尝试将林内空气温度、蒸发量以及土壤温度等环境气象因子与土壤水分含量的关系进行回归分析,结果表明单因子相关系数均低于0.3。

表 5-3　土壤水分(%)与月降水量(mm)的拟合模型

测定深度(cm)	拟合模型	样本数	相关系数
10	$y = 11.106 + 0.012x$	26	0.727
20	$y = 11.807 + 0.015x$	26	0.772
30	$y = 10.393 + 0.019x$	26	0.786
50	$y = 11.641 + 0.028x$	26	0.626

5.4.1.2　小集水区径流特征及其与气象因子的关系研究

1. 坡面径流的月动态

将天然次生落叶阔叶林、针阔叶混交林以及毛竹、杉木人工林等4种森林植被类型的坡面地表径流自2008年5月至2009年7月连续观测数据取月平均值(见表5-4),做出不同森林植被类型坡面地表径流月动态变化图(见图5-2)。从观测结果来看,落叶阔叶林等4种林分坡面径流总量存在较大的差异。落叶阔叶林、针阔叶混交林、毛竹林、杉木林等4种林分坡面径流系数为 1.06% ~ 3.20%,月最大径流系数分别为6.53%、7.57%、3.37%、6.58%,表明4种林分均具有较强的涵养水源功能;坡面径流总量,落叶阔叶林 > 针阔叶混交林 > 杉木林 > 毛竹林(见表5-4)。毛竹林坡面径流量最小,明显低于其他3种林分,相差均在1倍以上,这主要是因为毛竹林具有非常发达的鞭根系统,地表覆被较好,林地具有较高的入渗能力。落叶阔叶林、针阔叶混交林和人工杉木林 3 种林分之间,杉木林坡面径流量稍低于其他 2 种林分,落叶阔叶林和针阔叶混交林二者比较接近。4 种林分坡面径流量月变化趋势相似,均呈现出规律性季节变化。4～9 月,由于降水比较集中,降水强度大,坡面径流量相对较大。8 月,4 种林分坡面径流量几乎同时达到最大值。上年 10 月至下年 3 月,由于降水量小,降水强度弱,坡面径流量很小,其中毛竹林 6 个月内仅产生径流 0.88 mm。2008 年 12 月,由于当月降水量仅有 0.4 mm,4 种林分均没有产生坡面径流。2008 年 9 月和 11 月,由于降水量很小,毛竹林也没有产生坡面径流。

表 5-4　不同森林植被类型坡面径流月变化

植被类型	样本数	最大值	最小值	坡面径流总量(mm)	总降水量(mm)	坡面径流系数(%)
落叶阔叶林	15	9.42	0	35.68	1 115.34	3.20
针阔叶混交林	15	11.59	0	34.24	1 115.34	3.07
毛竹林	15	5.12	0	11.85	1 115.34	1.06
杉木林	15	10.00	0	28.76	1 115.34	2.58

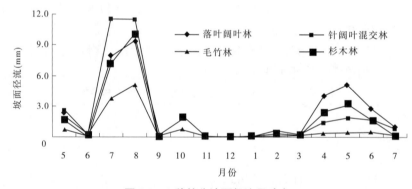

图 5-2　4 种林分坡面径流月动态

2. 坡面径流与降水量的相关性分析

通过观测发现,林地坡面径流量与该地区的降水量密切相关,因为坡面径流大多为 1 次降水所产生,所以 1 次降水量与林地坡面径流量有直接关系。以 1 次降水量为自变量,坡面径流量为因变量,通过回归分析,得到落叶阔叶林等 4 种林分 1 次降水量与坡面径流量的数学统计模型(见表 5-5)。从图 5-3 可知,当 1 次降水量较小时,坡面径流量也相对很小,且变化平缓,当 1 次降水量超过 40 mm 时,径流量增加速度加快,两者关系可用幂函数曲线式表示,落叶阔叶林等 4 种林分 1 次降水量与坡面径流量的曲线回归相关系数分别达到 0.886、0.919、0.913、0.868,用 t 检验法检验结果表明 4 个模型置信度均在 99% 以上,可见二者拟合度高,模型是可行的。

3. 小集水区径流特征

1)小集水区径流量的月动态

天然次生落叶阔叶林和人工杉木林 2 个小集水区径流量的月变化规律基本一致,最大值均出现在 8 月,最小值则出现在 12 月;2 个小集水区的月径流量变化幅度大,落叶阔叶林月径流量为1.8～169.6 mm,杉木林月径流量为0.5～120.3 mm(见图5-4)。这主要是受该地区降水量变化的影响所致。

表 5-5　4 种林分坡面径流与降水量的相关性

植被类型	回归方程	样本数 n	相关系数 R
落叶阔叶林	$y = 0.008\,6x^{1.216\,4}$	65	0.886
针阔叶混交林	$y = 0.010\,5x^{1.167\,4}$	65	0.919
杉木林	$y = 0.003\,3x^{1.414\,7}$	65	0.913
毛竹林	$y = 0.008\,3x^{0.971\,6}$	65	0.868

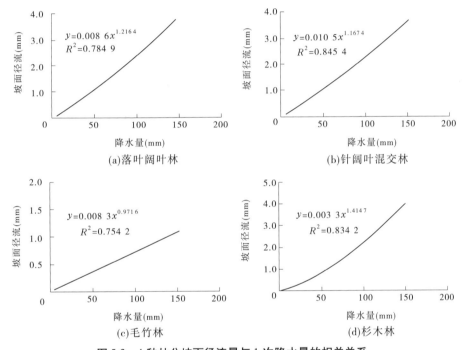

图 5-3　4 种林分坡面径流量与 1 次降水量的相关关系

天然次生落叶阔叶林年径流总量(444.1 mm)明显大于人工杉木林(279.9 mm),后者仅相当于前者的63.0%。综合来看,天然次生落叶阔叶林比人工杉木林具有更强的涵养水源、保育土壤、防洪减灾的水文生态功能。这主要是因为天然次生落叶阔叶林是该区域地带性植被或顶极植物群落,林分枝叶茂盛,根系粗大,分布深广;同时该林分凋落物较易分解,土壤微生物活性强,有利于土壤团粒结构的形成及非毛管空隙度的提高,从而增强了土壤的渗透能力,因此落叶阔叶林的水文生态功能强于杉木林。

2)小集水区径流量与降水量的关系特征

气候气象因素是影响径流的决定性因素(如降水量、蒸发量、大气温度、湿度和风速等),它们直接或间接影响径流量和林分蒸散量的大小(刘玉洪等,1999;丁永建等,1999)。采用降水量、蒸发量、大气温度和大气湿度 4 个气象因子对小集水区径流量进行

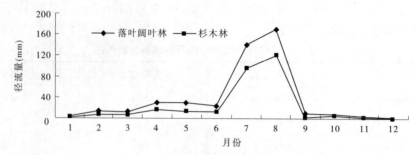

图5-4　小集水区径流量的月动态

逐步多元回归分析,结果发现小集水区月径流量与4个气象因子的复相关系数很小,这主要是因为影响径流量的因素复杂多样,除气象因素外,还有森林类型、土壤质地、土壤前期蓄水量以及降水强度等众多因素。采用月径流总量与降水量进行单因素回归分析(见图5-5),得到回归方程(见表5-6)。

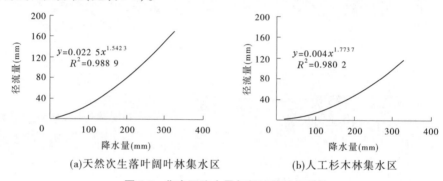

(a)天然次生落叶阔叶林集水区　　　(b)人工杉木林集水区

图5-5　集水区降水量与径流量的相关性

表5-6　小集水区径流量与降水量的拟合模型

植被类型	拟合模型	样本数 n	相关系数 R
落叶阔叶林	$y = 0.022\,5x^{1.542\,3}$	22	0.994 4
杉木林	$y = 0.004x^{1.773\,7}$	22	0.990 1

注:x 为月降水量,mm;y 为月径流量,mm。

4.4 种林分土壤侵蚀强度的比较

由于森林中林冠层、林下植被和凋落物层能够截留降水,降低水滴对表土的冲击和地表径流的侵蚀作用,同时林木根系具有固持土壤,防止土壤崩塌泻溜以及改善土壤结构等功能,落叶阔叶林、针阔叶混交林、毛竹林、杉木林等4种林分均具有良好的保育土壤功能,土壤侵蚀模数分别为 9.05 t/(km² · a)、7.56 t/(km² · a)、10.6 t/(km² · a)、45.1 t/(km² · a)。从土壤侵蚀强度分析,4种林分均为微度侵蚀,其中针阔叶混交林保育土壤功能最为突出,其土壤侵蚀强度仅相当于落叶阔叶林的 83.54%、毛竹林的 71.32%、杉木林的 16.76%。落叶阔叶林次之,其保育土壤功能优于毛竹林,明显强于杉木人工林;但稍弱于针阔叶混交林,这是因为落叶阔叶林是该区域的顶级群落,群落功能存在部分退化现象,因此保育土壤功能稍有减弱。

· 82 ·

5.4.2　落叶阔叶林生态系统水量平衡研究

5.4.2.1　大气降水对系统水分的输入及其特征

大气降水特征包括降水量、降水强度、降水分布等因素。本研究降水资料来自于鸡公山森林生态站综合观测场 2006 年以来连续观测数据,其间年平均降水量 1 200.2 mm,降水主要集中在 4~9 月的雨季,占全年降水量的 79%,10 月至翌年 3 月的旱季仅占 21%。降水量年内分配不均,一方面在秋、冬季易形成旱灾,另一方面夏季降水的过分集中易形成大雨或暴雨,导致产生地表径流量大并冲刷地表,造成水土流失。统计资料表明,本区年均降水日数 113 d,降水量级不足 5.0 mm、5.0~24.9 mm、25.0~49.9 mm 和 50 mm 以上的降水日数分别占总降水日数的 54.9%、32.3%、8.4% 和 4.4%,降水量分别占总降水量的 18.4%、25.1%、26.9% 和 29.6%。日降水量超过 25 mm 的大雨和暴雨占总降水量的 56.5%,大雨和暴雨占比多容易造成水土流失。

5.4.2.2　林冠层对降水的分配

由于林冠层对降水的截留作用,林冠对降落到森林上部的降水进行再分配。林分内年均降水输入量为 1 200.2 mm,其中穿透降水量为 761.7 mm、树干径流量为 31.1 mm、林冠截留量为 407.4 mm,分别占降水量的 63.5%、2.6% 和 33.9%(见表 5-7);林冠对降水的分配具有明显的季节变化,无论是林冠截留、树干径流还是穿透降水量,量值变化基本

表 5-7　落叶阔叶林冠层对大气降水的分配

月份	降水量 P(mm)	穿透水量 P_t(mm)	P_t/P(%)	树干茎流量 P_s(mm)	P_s/P(%)	林冠截留量 P_i(mm)	P_i/P(%)	林下净降水量 P_t+P_s(mm)	$(P_t+P_s)/P$(%)
1	26.8	11.8	44.0	0.4	1.5	14.6	54.5	12.2	45.5
2	63.2	33.6	53.2	0.7	1.1	28.9	45.8	34.3	54.3
3	60.5	41.7	68.9	1.2	2.1	17.6	29.0	42.9	71.0
4	91.8	42.1	45.9	2.1	2.3	47.6	51.9	44.2	48.2
5	96.5	43.7	45.3	2.0	2.0	50.9	52.7	45.7	47.3
6	86.5	38.6	44.6	1.1	1.3	46.8	54.1	39.7	45.9
7	302.9	236.6	78.1	10.4	3.4	55.9	18.5	247.0	81.5
8	326.8	250.1	76.5	11.7	3.6	65.0	19.9	261.8	80.1
9	46.5	18.9	40.6	0.5	1.0	27.1	58.4	19.4	41.6
10	56.4	27.6	48.9	0.6	1.1	28.2	50.0	28.2	50.0
11	27.2	13.5	49.6	0.3	1.2	13.4	49.2	13.8	50.8
12	15.1	3.5	23.2	0.2	1.1	11.4	75.7	3.7	24.3
全年	1 200.2	761.7	63.5	31.1	2.6	407.4	33.9	792.8	66.1

上与降水量一致,即降水量大的月份,其降水分量也大;但在降水量大、降水强度和降水频

率高的雨季(4~9月),林冠截留率却偏小(30.8%),而在降水量较小的旱季(10月至翌年3月),虽然林冠截留量小,截留率却比较高(45.8%)。根据观测数据,对穿透降水(P_t)和大气降水(P)之间的关系进行拟合,二者呈高度线性相关:$P_t = 0.910\,1P - 4.099$ $(R^2 = 0.981\,3, n = 95)$。通过观测发现,当降落到林冠层的降水量不超过5 mm时,基本上没有穿透水产生;当降水量接近时,穿透水量还与降水强度及前期降水间隔时间有关,降水强度越大,穿透水量越大,前期降水间隔时间越短,穿透水量及其所占降水比重也越大。

5.4.2.3 林地径流变化特征

穿过林冠层的降水到达林地时,又进行第二次再分配。小集水区年均总径流量为444.4 mm,总径流系数为37.0%,其中地下径流量为420.9 mm,地表径流量为23.5 mm(见表5-8)。地下径流系数为35.1%,表明小集水区径流主要为地下径流。从径流的月分配格局分析,径流量最小值出现在12月(1.8 mm),最大值出现在8月(169.7 mm)。4~9月的雨季降水量大,产生的径流量也大,占总径流量的90.8%,说明径流季节分配很不均匀。

试验林分多年平均地表径流量仅为23.5 mm,这与试验区天然次生落叶阔叶林良好的冠层结构有关,由于试验林分分层结构好,郁闭度高,林冠的截留作用减弱了降水对林地的冲击;林地土壤具有良好的疏松结构,有利于水分入渗;同时,由于保护区实施封育经营,林分受人为活动干扰较轻,因此降水量级较小的降水基本不产生或很少产生地表径流。可见,该区域天然次生落叶阔叶林对地表径流具有良好的调节功能。

表5-8 落叶阔叶林小集水区径流季节分配特征

月份	降水量 (mm)	净降水量 (mm)	地表径流 (mm)	地下径流 (mm)	总径流 (mm)	地表径流系数 (%)	地下径流系数 (%)	总径流系数 (%)
1	26.8	12.2	0.4	2.4	2.8	1.5	9.0	10.5
2	63.2	34.3	0.9	11.5	12.4	1.5	18.2	19.7
3	60.5	42.9	1.1	10.2	11.3	1.9	16.8	18.7
4	91.8	44.2	1.6	28.5	30.1	1.7	31.1	32.8
5	96.5	45.7	1.8	27.4	29.2	1.8	28.4	30.2
6	86.5	39.7	0.9	22.2	23.1	1.0	25.7	26.7
7	302.9	247.0	6.7	135.1	141.8	2.2	44.6	46.8
8	326.8	261.8	8.5	161.2	169.7	2.6	49.3	51.9
9	46.5	19.4	0.5	8.9	9.4	1.1	19.2	20.3
10	56.4	28.2	0.7	8.4	9.1	1.2	14.9	16.1
11	27.2	13.8	0.3	3.4	3.7	1.1	12.5	13.6
12	15.1	3.7	0.1	1.7	1.8	0.7	11.0	11.7
全年	1 200.2	792.8	23.5	420.9	444.4	1.9	35.1	37.0

5.4.2.4　林地土壤蓄水变化量

土壤蓄水量的变化主要取决于气象条件,因而随季节变换呈周期性变化(见表5-9)。观测期间,土壤蓄水年均变化量只有1.5 mm,约占年均降水量的0.1%。但由于降水在不同季节月度分布不均,其月变化幅度较大,雨季降水量大,径流量也大,同期空气温度相对较高,植物生命活动旺盛,生态系统的蒸发散能力强,土壤水分变化较为剧烈,变化量值较大;降水量小的月份,径流量也小,同期空气温度相对较低,生态系统的蒸发散能力弱,土壤水分变化趋于平稳。

5.4.2.5　林分蒸散耗水量

根据水量平衡公式:$E = P - R - \Delta W$,推算林分蒸散耗水量。结果表明,在落叶阔叶林生态系统水量平衡中,年均蒸散量为754.3 mm,占年均降水量的62.9%(见表5-9),可见林分蒸散是森林生态系统中的主要水分输出项。从季节变化来看,降水量大、温度较高的月份,林分蒸散量也大;反之,降水量小、温度较低的月份,林分蒸散量也小。在降水量大的季节,较高的林分蒸散量可以大大减少系统径流量,从而降低洪涝灾害发生的概率。

表5-9　落叶阔叶林林分水量收支平衡表

月份	降水量 (mm)	总径流量 (mm)	土壤水分 变化量 (mm)	蒸散量 (mm)	径流系数 (%)	土壤水分 变化率 (%)	蒸散率 (%)
1	26.8	2.8	1.0	23.0	10.5	3.7	85.8
2	63.2	12.4	2.2	48.6	19.6	3.5	76.9
3	60.5	11.3	7.2	42.0	18.7	11.9	69.4
4	91.8	30.1	−3.5	65.2	32.8	−3.8	71.0
5	96.5	29.2	−3.5	70.8	30.2	−3.6	73.4
6	86.5	23.1	−11.7	75.1	26.7	−13.5	86.8
7	302.9	141.8	20.1	141.0	46.8	6.6	46.6
8	326.8	169.7	−1.8	158.9	51.9	−0.5	48.6
9	46.5	9.4	0.5	36.6	20.2	1.1	78.7
10	56.4	9.1	−11.3	58.6	16.1	−20.0	103.9
11	27.2	3.7	4.1	19.4	13.6	15.1	71.3
12	15.1	1.8	−1.8	15.1	11.9	11.9	100.0
全年	1 200.2	444.4	1.5	754.3	37.0	0.1	62.9

5.4.2.6　系统水量平衡分析

落叶阔叶林生态系统的年均降水输入量为1 200.2 mm,主要支出项为径流量(444.4 mm)和蒸散量(754.3 mm),二者分别占降水量的37.0%和62.9%;而土壤蓄水变化量为1.5 mm,仅占降水量的0.1%(见表5-9)。

5.5 落叶阔叶林水文生态功能分析与评价

豫南山区天然次生落叶阔叶林具有庞大的冠层和复层结构,对大气降水进行了再分配,有效地减弱了雨滴对林地的溅击动能;林地上一定储量的凋落物层既能减轻雨水对林地的冲击和土壤侵蚀,又能吸附和截留一定数量的降水,延缓了降水向土壤表层渗透的时间,对减少地表径流起到重要作用。此外,试验林分落叶阔叶树种大多具有强大的根系系统,使土壤结构得以有效改良,土壤空隙特别是非毛管空隙的增加,有利于降水的下渗,起到了涵养水源和保育土壤的功效。因此,豫南山区的天然次生落叶阔叶林相比人工杉木林具有更强的水文生态综合调节功能。

5.5.1 林冠层的水文生态功能

森林对大气降水的再分配是森林生态系统重要的水文生态功能之一,具有重要的水文生态学意义。豫南山区天然次生落叶阔叶林具有庞大的冠层和复层结构,既能截留和缓冲大气降水,减弱雨滴对林地的直接溅击,又能减少进入林地的降水量,使可能产生的地表径流量减少,从而具有较强的保育土壤、水源涵养和削减洪峰流量的作用与功能。本研究表明,在豫南山区天然次生落叶阔叶林生态系统中,降水穿过林冠层的分配格局和变化范围,穿透水、树干径流和林冠截留量分别占大气降水量的63.5%、2.6%和33.9%;就1次降水过程而言,当1次降水量小于5 mm时,林冠层基本可以截留全部降水;穿透降水(P_t)与大气降水量(P)呈线性相关关系,即$P_t = 0.910\,1P - 4.099$;当一次降水量在5 mm以下时,几乎不产生树干径流。从降水分配的季节变化来看,林内净降水量和林冠截留量的变化基本上是与降水量的变化相一致的,即降水量大的月份,林内净降水量和林冠截留量也大,反之亦然。但是,在降水量小的月份,林冠月截留率却相对较高;而在传统雨季,林冠截留率较低,雨量最大的7、8月,林冠截留率均不足20%。观测期间,林冠截留率为33.9%,到达林地的净降水率为66.1%。树干径流所占比例很小,仅占年均降水量的2.6%。尽管树干径流量不大,但其水分及其所携带的高浓度营养元素易于被植物所吸收,对树木生长具有重要的意义。

5.5.2 凋落物层的水文生态功能

通过在试验林分内设置小样方,采用浸水试验等方法求算出林地凋落物最大持水量和对降水的截留量,以此来评价落叶阔叶林凋落物层的水文生态功能。

5.5.2.1 林地凋落物的现存量

林地凋落物现存量与林分的水文生态功能密切相关。通过调查表明,试验林分落叶阔叶林林地凋落物厚度平均为5~6 cm,现存凋落物量(鲜重)为14 992.62 kg/hm²,干物质重为10 194.98 kg/hm²。

5.5.2.2 林地凋落物的持水率和持水量

凋落物持水量的大小除与凋落物现存量直接相关外,还与林地的水热环境是否适宜凋落物的分解有关。浸水试验表明,试验林分落叶阔叶林凋落物的最大持水量约为自身干重的 2.78 倍,凋落物自然含水率为 32%,含水量为 0.48 mm,凋落物的有效持水量为 2.35 mm,最大持水量为 2.83 mm。

5.5.2.3　凋落物层对降水的截留功能

在不同降水量条件下,通过对凋落物层截留降水量的观测,发现凋落物层对降水的截留量受凋落物厚度、1 次降水量多少、降水强度、降水历时长短以及前期降水量间隔时间等多个因素的影响。凋落物层有着重要的蓄留降水功能,特别是对降水量、降水强度小的降水,蓄留降水作用尤为突出。就 1 次降水过程而言,当林内穿透降水量小于 3 mm 时,凋落物层基本可以截留全部降水;随着降水量的增加,尽管截留量也随着不断增加,但是凋落物层与土壤交接界面开始出现渗水,随着降水过程的继续,其截留量增加的速度逐渐减缓,直到达到最大截留量。

5.5.3　森林土壤层的水文生态功能

森林土壤是森林生态系统中主要的水分储藏场所和调节器。森林与土壤的水分关系中,土壤水分的供应首先直接影响着森林的生产力、森林类型及植物种的空间分布,同时森林的存在对土壤水分的涵养、储蓄起到良好的作用。土壤储藏和调节水分能力的大小主要与土层厚度、土壤物理性质及植物根系在土壤中的分布有关,其中与土壤的空隙状况关系尤为密切。由于豫南山区落叶阔叶林林地凋落物分解快,土壤微生物活性强,具有良好的土壤物理性质和土壤空隙状况,从而其持水及渗透能力强,大气降水渗入土壤并下渗转为地下水,产生良好的水文生态效应。从水文调节角度而言,随土层加深,渗透水量递减,在根系较为集中的 30 cm 土层处,由于土壤通透性好,渗透量明显增加。就森林土壤层的储水能力而言,其大小主要是与土壤的非毛管空隙状况密切相关。落叶阔叶林森林土壤层较强的储水能力对保证旱季林分生长的水分供应至关重要;同时由于土壤对降水的储存,还对雨季洪涝灾害起到了削弱作用。由此可见,豫南山区落叶阔叶林具有良好的涵蓄和调节土壤水分的水文生态功能。

5.5.4　落叶阔叶林对径流的调节功能

5.5.4.1　减少地表径流、减轻土壤侵蚀

地表径流是引起流域水文变化的重要因子,是造成水土流失、土壤侵蚀的重要因素之一。试验林分落叶阔叶林对地表径流具有良好的调节功能,林下地表径流的形成和土壤侵蚀量明显减少。年地表径流量仅为 23.5 mm,地表径流系数为 1.9%。土壤侵蚀模数为 9.05 t/(km^2·a),属于微度侵蚀。可见落叶阔叶林对减少地表径流、减弱土壤冲刷具有良好的效应。

5.5.4.2　调节径流,减少洪涝和旱灾

森林通过林冠截留、蒸发散,改善林地土壤结构,增强林地土壤水分下渗,抑制地面蒸发,减缓地表径流等作用,来调节径流的组分分配和季节分配格局,以此达到调蓄径流、减少和减轻洪涝干旱灾害发生的生态功能(周光益,1996)。试验林分落叶阔叶林集水区内产生的地表径流很少,总径流量占大气降水量的 37.0%,加上林地土壤的储水容量较大,所以试验林分对水分的涵养、调蓄,对径流的时间分配格局有着良好的效应,从而减低并

延缓了雨季洪峰流量,增大了旱季流量。豫南山区降水分配的季节性较为明显,根据野外观测,落叶阔叶林小流域集水区基本常年不断流,径流主要以地下径流的形式平稳地输出;人工杉木林小流域集水区在降水较少的季节则出现了枯水断流现象。

5.5.4.3 一次降水产流的特征分析

一次降水形成的径流量随降水量、降水强度、降水持续时间等降水特征及前期土壤水分含量不同而呈现较大差异。通过对天然次生落叶阔叶林和人工杉木林小集水区的对比观测发现,在一次降水产流过程中,落叶阔叶林集水区径流量开始增加的时间以及达到洪峰的时间均比人工杉木林集水区延迟2~3 h,而且洪峰的到达时间也落后于雨峰来临的时间,洪峰值与前期数小时的径流量差异并不是很大,降水结束后,集水区径流量呈现缓慢下降直到降至降水前的最初值。

5.5.5 落叶阔叶林水文生态功能评价

天然次生落叶阔叶林是豫南山区地带性森林植被类型,一般林冠层枝叶茂盛,根系粗大,改善了土壤团粒结构的形成及非毛管空隙特性,因此生态系统的综合水文生态调节功能大大增强,具有良好的水源涵养和保育土壤功能。落叶阔叶林地下径流量大且常年不断流的原因在于其具有强大的截留、渗透、蓄水等功能。落叶阔叶林林地吸持水分能力较强,这主要是因为落叶阔叶林林冠稠密,对降水的截留量较大;林冠具有良好的复层结构,乔木、灌木和草本植被多层次阻滞降水;地被物层厚,吸滞水量大;土壤疏松,孔隙状况好,蓄存水分多。

鉴于天然次生落叶阔叶林具有强大的水文生态功能和生态效益,建议森林经营管理部门今后通过加强封山育林等措施,在管护好现有天然落叶阔叶林资源的同时,积极恢复和重建已经退化的天然林生态系统,促进区域的生态环境建设与社会经济的协调可持续发展。

第 6 章　鸡公山不同海拔天然落叶栎林和松栎混交林碳库特征

6.1　研究背景、目的和意义

6.1.1　研究背景

众所周知,在人类社会日益关注全球环境问题的今天,大气中二氧化碳等温室气体浓度升高诱发的全球气候变化已成为世界经济可持续发展和国际社会所面临的最为严峻的挑战。美国海洋研究中心所属的各监测站,包括夏威夷纳罗亚监测站(Keeling et al, 1976)和南极站(Keeling et al,1976)的实测记录数据和许多间接的证据表明,在过去 100 多年的时间里,大气 CO_2 浓度已经增加了近 25% (Houghton et al,1983),即从 280×10^{-6} mol/L 上升至 353×10^{-6} mol/L。而且大气 CO_2 浓度增加的速率是上升的,这意味着到 2050 年大气 CO_2 浓度值将达到 550×10^{-6} mol/L(Keeling et al,1977),即比 100 年前的浓度增加近 1 倍。

大气 CO_2 浓度升高的直接影响是增加大气吸收太阳核的长波辐射,引起全球性的气温上升,导致气候变化和激烈波动(旱、涝灾增加)。Manabe 等(1979)预计,大气 CO_2 浓度上升 1 倍可能导致全球增温 2 ~ 4 ℃,而且尤以极地增加较多。如果估计成为现实,则由于极地永冻冰层的部分融化,可能使海平面在 100 ~ 200 年的时间里上升 5 m(Dole et al,1991),从而大大减少陆地面积。

全球气候变暖的事实支持了上述论断。自 1860 年以来,全球平均气温已经上升了 0.5 ~ 0.7 ℃。美国地质勘测部的调查结果表明,全球增温在加速,阿拉斯加州和加拿大的北极地区永冻层在消退,环绕南极大陆和北极海域的海冰范围在缩小,世界各地的冰川也在退缩等。然而,目前的研究结果尚不足以说明未来气候一定会有大幅度增温。气候变化非常复杂,并不仅仅局限于地球本身,太阳变化和宇宙变化均可能产生影响。即使是地球本身,也还存在着复杂的正、负反馈机制,如升温可使蒸发加强、云量增多,而云量的增加则会阻挡太阳辐射,起到降温作用。火山爆发一方面会使大气增加大量温室气体,而同时排出的大量气溶胶也会阻挡太阳辐射而使大气降温。政府间气候变化委员会(IPCC,1990)根据全球气候模型预测,到 21 世纪中叶,大气 CO_2 浓度倍增后,全球可能增温1.5 ~ 4.5 ℃。最近由于加深了对云的反馈作用和气溶胶作用的了解,普遍认为预测偏大,将增温 1 ~ 3 ℃或更低。美国华盛顿战略研究所则认为,大气 CO_2 上升异致气候变化可能是根本不存在的,近几十年的全球变暖可能是 19 世纪小冰期后的变暖。更有数千名科学家(其中包括 70 位诺贝尔奖获得者)签发了"赫得乐呼吁书",要求废除巴西里约的《全球气候变化框架公约》,认为政府间气候变化小组在几份重要报告中低调处置大气

CO_2 浓度升高所导致气候预测结果的不确定性,有违科学原则,并提醒人们不要被所谓的全球性气候灾难所迷惑。近来,又有 100 多位气候学家签署了《莱比锡宣言》,联名否认温室气候对全球气温变化的影响的说法(潘家华,1996)。除在大气 CO_2 浓度变化与气候变化的关系问题上存在很多争论外,在大气 CO_2 浓度上升的原因上也存在很多不同意见。经过几十年的研究,现在比较一致的看法是,化石燃料和森林的破坏(尤其是热带森林的破坏)以及森林破坏后土壤利用方式的改变(IPCC,1990)是大气 CO_2 浓度升高的两个主要原因。

根据生态学原理,一个系统中的自然过程总是有利于系统的结构稳定和功能最大化,而非自然过程总是降低或破坏生态系统的稳定性,增加系统的不确定性。显然,大量开采化石燃料以及开采森林等活动都是非自然过程。这些活动导致了大气 CO_2 浓度的不断上升。虽然目前我们尚不能准确地预测其生态后果,但最终的结果必将危害人类自身。

鉴于大气 CO_2 上升可能引起的严重生态后果,科学家对于全球碳循环进行了广泛的研究。具体内容包括地球各部分(大气、海洋和森林等)碳储量估算,森林生态系统与其他部分碳的交换量(流)的估算,以及人类干扰对各个库和流的影响。由于在森林碳循环方面的基础研究很不充分,尤其是在毁林后土壤碳的排放方面缺乏充足可靠的观测数据,同时有关的估算模型本身的不完善,上述内容的研究结果差异较大,表明还有许多工作要做。然而前人的努力为我们今后的研究奠定了基础。

6.1.1.1 森林及地球各部分的碳储量

当前,对全球碳库及库与库之间的转移量以及转移速率等关键性数值的估计差异较大。大气层中的碳总量为 $700 \times 10^{15} \sim 750 \times 10^{15}$ g。由于大气层的 CO_2 浓度正处于加速上升阶段,因而其碳储量的估计值显然与估算的时间有一定的关系。地壳碳储量最大,估计值相差也大。不过它们与其他库的交换很小,因此一般不会给碳储量的估算带来大的误差。海洋是仅次于地壳的大碳库,也是最大的一个汇。通常估计海洋中的碳储量时将其分为表层和深层两个亚库,前者与大气有较频繁和较稳定的碳交流。陆地生物群落包含的碳储为 $550 \times 10^{15} \sim 560 \times 10^{15}$ g。

表 6-1 列出了目前世界上比较有影响的估计值,它们的差异说明了其依据材料和方法的不同。在各个库中,陆地生物群落最易受到人类活动的干扰,因此也是对大气 CO_2 浓度变化影响最大的分库。海洋碳储量虽大,但与大气处于相对稳定的碳交换状态,目前估计海洋与大气的交换是每年吸收 $2 \times 10^{15} \sim 3 \times 10^{15}$ g 的碳。陆地生物群落在未受干扰状态,以吸收固定 CO_2 为主,一旦受破坏,则要向大气排放大量的 CO_2。

森林是一种主要的植物群落类型,约占地球陆地面积的 $1/3$(4.1×10^9 hm^2)。森林生物量约占整个陆地生态系统生物量的 90%,生产量约占陆地生态系统的 70%。森林生态系统在全球碳循环过程中起着重要的作用。

在自然状态下,森林进行光合作用同化 CO_2,将产物固定于生物量中,同时以根生物量和凋落物碎屑形式补充土壤的碳库。在同化 CO_2 的同时,存在林木呼吸和凋落物分解释放 CO_2 进入大气这一逆过程,同时固定于本质部分的 CO_2 也会在一定的时间后腐烂或被烧掉,以 CO_2 的形式归还大气。因此,从很长的时间尺度($10^3 \sim 10^4$ 年)考察森林对大气 CO_2 浓度变化的作用,其影响是很小的,只能是一个不很大的汇。但在短时间尺度($< 3 \times$

10^2年)来考察,由于单位森林面积中的碳储量很大,林下土壤中的碳储量更大,因而森林变化(人类干扰)就有可能引起大气 CO_2 浓度大的波动。

表 6-1　地球各部分的碳储量

库名称	储量($\times 10^{15}$ g)	资料来源
大气层	590	Sundquist (1993)
	700	Woodwell (1978)
	750	Watson et al (1990)
海洋	37 300 ~ 39 000	Sundquist (1993)
海洋表层	560	Woodwell (1978)
	900	Sundquist (1993)
	1 000	Watson et al (1990)
海洋深层	36 400	Sundquist (1993)
	38 000	Watson et al (1990)
地壳	20 000 000	Sundquist (1993)
	90 000 000	Woodwell (1978)
	827	Woodwell (1978)
陆地生物群落	560	Sundquist (1993)
	550	Watson et al (1990)
土壤	924	Adam et al (1990)
	1 600	Sundquist (1993)
	1 500	Watson et al (1990)
	1 000 ~ 3 000	Woodwell (1978)
	1 395	Adam et al (1990)
森林林地凋落物	171	Esser et al (1982)

　　森林碳储量依地区和林型而异,Robert (1995)报道,世界森林地上部生物量碳储量约为 359×10^{15} g,森林土壤碳储量为 787×10^{15} g,后者约为前者的 2.2 倍(见表 6-2)。地上部与森林土壤碳储量有不同的地理分布格局,地上部以低纬地区(热带森林)的碳储量较高,占总量(全球地上部生物量中的碳储量)的 60%,森林土壤则以高纬地区的针叶林林下的碳储量最大,也占总量(全球森林土壤中的碳储量)的 60%。

　　与其他报道相比,Robert 提供的数据较小。Woodwell(1978)报道的森林和土壤碳储量分别为 744×10^{15} 和 925×10^{15} ~ $2\,775 \times 10^{15}$ g。Olson 等(1983)计算的森林地上部生物量中包含的碳为 483×10^{15} g。Post 等(1982)计算的全球陆地土壤中碳储量为 $1\,272 \times 10^{15}$ g,其中 73% 即 927×10^{15} g 存在于森林土壤之中。

　　鉴于上述数据差别太大,目前美国环保局(USEPA)正在组织热带森林的主要国家建立研究网络"热带森林与全球气候变化",计算各热带森林国家 CO_2 排放量,政府间气候变化委员会和芬兰科学院正在发起更大规模的联合研究。不久将有新的数据公布。否则,全球碳循环研究得出的各分库间流量的数据将消失于这些差值中。

表6-2　世界森林植被和林下土壤中的碳储量

纬度带	碳储量($\times 10^{15}$ g)	
	植被	土壤
高纬地区(60°~90°)	88	471
中纬地区(30°~60°)	59	100
低纬地区(0°~30°)	212	216
合计	359	787

在全球碳循环研究中,美国、加拿大和欧洲各国均有较好的研究积累,发展中国家往往资料不足,尤以热带国家更为缺乏。中国开展这方面研究起步较晚,但由于中国地域广阔,森林生态系统复杂多样,拥有自寒温带至热带的气候带和特殊的植被地理区域,为研究全球碳循环提供了良好的实验平台。我国的社会经济正处在高速发展阶段,这为研究世界经济发展对全球碳循环和气候变化的影响提供了难得的社会经济背景。同时我国森林资源变化很快,人工林面积居世界首位,人工林面积增加最快,因而中国森林对全球碳平衡的贡献越来越大,中国的学术研究成果也更加引人注意。

李意德等(1996)根据实际测定和调查结果,估算中国目前残存的至少 100×10^4 hm² 热带林中,森林生物量碳储量为 0.122×10^{15} ~ 0.132×10^{15} g,森林土壤碳储量约为 0.124×10^{15} g。就单位面积碳储量而言,中国热带林并不比热带非洲和热带美洲的平均水平低。徐德应等(1993)依据中国各森林生态定位站的研究成果,应用计算机模型计算了中国森林及土壤的碳储量。张万儒等(1985)的研究专著《中国森林土壤》详细介绍了中国森林土壤的分布和有机质含量,对中国森林碳平衡研究有重要的参考价值。

6.1.1.2　森林及全球其他碳库间的流

据 Detwiler(1988)计算,化石燃料燃烧每年排放的碳约为 5.3×10^{15} g。关于森林对全球碳平衡的影响,也已有几十年的研究积累。如没有剧烈的气候变化和人为干扰,而观测时间又足够长,则森林及土壤均不会对大气 CO_2 浓度变化产生大的影响,充其量只能是一个不大的汇。然而大规模的毁林与森林再生产(面积和蓄积)并存时,就比较难以准确估计其影响。因为毁林会导致森林土壤碳的加速排放,其排放量依赖于毁林后所采用的土地利用方式。

20世纪70年代初期,人们普遍认为森林是一个重要的汇。到20世纪70年代后期,人们开始认识到由于森林遭破坏,森林正向大气释放出它们过去储存已久的碳,成为大气 CO_2 的一个主要排放源。但关于森林排放碳的量的估计却相差甚大,从 0.4×10^{15} g 到 8.0×10^{15} g 不等。Bolin(1977)的估计为每年 1×10^{15} g,Stuiver(1997)估计为每年 1.2×10^{15} g,Wong(1978)估计为 1.5×10^{15} g,Woodwell(1978)估计为 4.0×10^{15} ~ 8.0×10^{15} g,Broecker(1979)用几个模型来计算全球碳平衡,他的结论则是:与化石燃料相比,森林生物量的改变对大气 CO_2 没有显著影响。Woodwell 等 1983 年又重新估计为 1.8×10^{15} ~ 4.7×10^{15} g。Houghton 1985 年估计为 0.9×10^{15} ~ 2.5×10^{15} g。Myers 1984 年估计为

$2.0 \times 10^{15} \sim 2.8 \times 10^{15} g$。Vetwiler 等 1985 年估计小于 $2.0 \times 10^{15} g$,而于 1986 年重新估计为 $0.42 \times 10^{15} \sim 0.67 \times 10^{15} g$。Brown 等 1984 年估计为 $0.67 \times 10^{15} \sim 0.74 \times 10^{15} g$。Dale 等估计,1850 ~ 1980 年,由于森林破坏而排放的碳总计为 $90 \times 10^{15} \sim 120 \times 10^{15} g$,相当于每年排放 $0.4 \times 10^{15} \sim 2.6 \times 10^{15} g$。综上所述,近年来的研究结果可归纳为:早期估算的年排放量为 $1 \times 10^{15} \sim 1.5 \times 10^{15} g$,中期多数落在 $2.0 \times 10^{15} \sim 8.0 \times 10^{15} g$,近期的大致是 $0.4 \times 10^{15} \sim 0.7 \times 10^{15} g$,而最近的研究结果又接近 $1.0 \times 10^{15} g$ 左右。如果我们以最近的估值作为全球森林的排放值,再加上化石燃料燃烧排放的碳量,共计 $6.3 \times 10^{15} g$ 碳。两者排放的碳有 $2.9 \times 10^{15} g$ 滞留在大气中,增加大气 CO_2 浓度,$2.2 \times 10^{15} g$ 为海洋吸收(根据实测),那么在全球碳平衡中有 $1.2 \times 10^{15} g$ 的碳"丢失"了,因此必有一个被忽略的汇。可能的猜测是森林,即由于 CO_2 浓度增加促进了林木生长,或由于造林和施肥增加了森林面积和生长等。在这种情况下,许多学者又进行了新的计算。Tom M L Wigley(1995)提出了新的全球碳平衡公式和数值(见表 6-3)。

$$dc/dt = I + D_n - Foc - X_{fert} - Y$$

式中　dc/dt——大气新增的碳;

　　　　I——工业排放量;

　　　　Foc——海洋吸收量;

　　　　D_n——土地利用改变所引起的净排放(总的毁林排放量减去森林再生长吸收的量);

　　　　X_{fert}——由于大气 CO_2 浓度升高而带来的增产效应;

　　　　Y——其他的陆地汇(如施肥和气候变化等)。

表 6-3　全球碳平衡($\times 10^{15} g$)

碳的源	
(1)工业燃料排放	5.46 ± 0.5
(2)热带(森林)土地变换排放的碳	1.60 ± 1.0
碳的汇	
(3)大气贮存(ΔM)	3.28 ± 0.2
(4)海洋吸收(Foc)	2.00 ± 0.8
(5)森林的再生长	0.50 ± 0.5
根据碳平衡式计算值	
(6)土壤利用方式改变净排放的碳[$D_n = (2) - (5)$]	1.10 ± 1.10
(7)其他的陆地碳汇[$X_{fert} + Y = (1) + (6) - (3) - (4)$]	1.28 ± 1.50

　　表 6-3 中的最后一项就是针对以前估算中"丢失"的 $1.2 \times 10^{15} g$ 碳的,提出 3 个可能的汇并估计了各项值的范围。①因为大气 CO_2 浓度升高促进陆地植物群落生长(其效果类似于施用了 CO_2 肥)而多固定的碳为 $0.5 \times 10^{15} \sim 2.0 \times 10^{15} g$;②因施用氮肥多固定的碳为 $0.2 \times 10^{15} \sim 1.0 \times 10^{15} g$;③气候变化引起的植物多固定的碳为 $0 \sim 1.0 \times 10^{15} g$。

　　上述 3 项的平均值计算($2.36 \times 10^{15} g$),即大大超过了"丢失"的碳量($1.2 \times 10^{15} g$)。

6.1.1.3　森林采伐和土地利用方式的改变与碳排放

如上所述,目前对全球碳循环之库和流的估算存在较大的不一致性。其原因除了估算模型不完整,还由于资料和数据的缺乏,使得研究者不得不采用一些假设,这些假设因人而异,难免发生偏差,有时候甚至与观测资料相矛盾,尤其是对森林采伐后土壤碳的变化存在更大的不一致性。如 Houghton 等(1993)认为,热带、温带和寒带森林在采伐后土壤碳会下降35%、50%和15%,在进一步开垦过程中碳损失可达 50% 以上。然而同样是 Houghton 等(1998)在随后的研究中认为,采伐虽然减少了森林的碳量(木材输出),但采伐本身对土壤碳量没有多大影响,只有进一步垦殖才会使土壤碳量减少 25%。Detwiter (1986)认为,采伐林木和焚烧林地剩余物并不会减少土壤碳含量,也许还会使其略有增加。Johnson 对十几项研究进行综合分析发现,在多数情况下,森林采伐后土壤碳含量没有明显变化。但采伐后紧接着进行农业垦殖会使土壤碳含量迅速减少。Mann(1986)统计,森林采伐后的农业垦殖可使土壤碳含量平均减少 20%。Detwiler(1989)指出,在森林采伐后开垦成牧场,土壤碳将减少 20%,种植农作物 5 年使土壤碳减少 40%。Schlesinger (1984)发现,森林采伐后实行农业垦殖,土壤碳减少 21%。Brawn(1993)等的研究则表明,森林采伐后如转化为牧场,其土壤碳基本不变或有所增加。此外,原始林采伐后营造人工林,则土壤碳恢复过程比次生林要快。Lugo(1992)认为,土壤碳在造林后恢复得快或慢主要取决于树种和环境条件,凋落物多、根生长快的树种林地土壤碳的恢复过程比较快。在一些追踪调查中发现农地造林后的 30 ~ 90 年,土壤碳分别恢复到原储量的 80% ~ 90%。

6.1.1.4　碳平衡的计算模型

近几十年来,在有关全球碳平衡及对气候变化影响的问题上发展了许多模型。如全球环流模型(GCM),美国研究机构和大学研制的 GFDL、NASA、NCAR 和 DSU 模型,英国 UKMO 模型和澳大利亚的 CSIRO 等都是比较著名并被广泛引用的模型。这些模型在分析全球碳平衡及对全球气候变化的影响上都起了重要的作用。在有关森林对全球碳平衡贡献的研究中,也建立了许多模型。其中较早的是 20 世纪 70 年代在森林经理中使用的森林资源动态模型,如 JAB、DWA 和 FORET 模型。在 20 世纪 80 年代,Houghton 和 Myers 等创建了更为精细的估算模型,提高了精度,减少了偏差,它们根据联合国有关部门的统计资料,对模型各主要变量进行了敏感性分析,使全球碳平衡研究模型分析达到了一个新层次。徐德应研制了适用于中国森林碳储量计算以及土壤利用方式改变后碳排放的计算机模型(CARBON)。该模型分区、分林种计算,提高了中国森林碳储量的估算精度。

毫无疑问,数学模型是大尺度研究的重要工具。上述模型对全球碳平衡研究做出了重要贡献。然而,应用这些模型计算出的结果相差较大也是事实。原因在于模型变量和有关系数的选择因人、因客观条件而异。如在研究基础较好的国家,有可能以森林生物量为基础进行碳储量的计算,而在有些国家则只能依靠森林蓄积量数据,两者当然会发生偏差。如李意德等分别以生物量和蓄积量为基础估算中国海南岛尖峰岭热带林碳储量,结果两者依次为 590×10^{15} g 和 539×10^{15} g,相差 51×10^{15} g。他们认为,以蓄积量来计算碳储量,在热带原始森林中可能比实际偏小,而在次生林中则可能偏大。此外,目前应用模型计算碳储量时,所使用的基本数据在类似林型划分、龄级划分、木材比重及木材碳含量等重要的参数上均无统一标准。由于估算的对象规模非常庞大,只要上述参数略有差别就可能产生很大的误差。因此,在全球碳循环研究中运用模型估算时,不仅要注意完善模型本身,更要注意系数的准确性和一致性。

6.1.2　研究的目的和意义

森林作为陆地生态系统的主体,具有最大生产力和生物量积累,在地圈、生物圈的生物地球化学过程中起着重要的"缓冲器"和"阀"的功能,陆地生态系统中的大部分碳源都蓄积在森林中。森林生态系统在减缓全球气候变化中起着重要的和不可替代的作用。近年来国内外学者围绕森林生态系统的碳储量(迟璐等,2013;WANG Zhe et al,2013;Alexeyev et al,1995;Turner et al,1995;Fang et al,2001;樊登星等,2008;王新闯等,2011;李银等,2014)、碳密度(迟璐等,2013;王新闯等,2011;李银等,2014)和碳汇(吕劲文等,2010;曹吉鑫等,2009;康文星等,2009)功能做了大量的研究工作,并取得显著成效。森林碳库受地域、植被组成、林龄、立地条件、林分特征等众多因素的影响(张全智等,2010),地域、森林类型及其特征的差异使森林碳密度和碳分配格局分异显著,从而使森林碳循环及其时空变化规律复杂化(方精云等,2001;Fang et al,2007;Luyssaert et al,2007)。为提高森林碳储量估算精度,应对不同区域的典型森林植被碳储量分别加以研究(方精云等,2001)。准确测定林分尺度上的森林生态系统碳储量、分析林分结构、海拔等因子对林分碳汇及其碳库分配特征的影响,对区域和大尺度森林碳储量的估算,真实反映我国森林固碳功能及固碳潜力具有重要意义。根据第八次全国森林资源清查报告(2009~2013年),天然林是我国森林资源的主体。在天然林资源中,按优势树种组分类,栎林是面积排名第一的优势树种,面积占全国的13.57%,同时混交林占天然林资源的30%。栎林和针阔叶混交林作为我国分布广泛、权重较大的两种重要天然林资源,是我国森林碳库的重要组成部分。

河南省鸡公山位于暖温带—亚热带过渡区,属于气候变化敏感区域(倪健等,1997)。由于农业开发、战争、修建铁路等人为干扰,该地区天然森林遭到了反复强烈的破坏。1980年以来,通过实施有效的保护措施,使得遭受人为破坏的天然次生林得到更新。本项目选择鸡公山典型林分类型落叶栎林和松栎混交林(马尾松-落叶栎林)作为研究对象。2011年,分别在鸡公山海拔200 m、400 m和600 m处,选择了落叶栎林和松栎混交天然次生林分,建立试验样地,完成样地调查取样,并于2012年在实验室内完成样品有机碳含量测定工作。调查天然落叶栎林和松栎混交林生态系统树木、林下植被和林地凋落物生物量,分析土壤有机碳的垂直分布特点,在林分尺度上估测两种林分植被层、土壤层和凋落物层的碳储量及其与山体海拔、林分密度等因子的关系,有助于对气候变化情景下森林生态系统碳储量分布特点的认识,为区域和全国尺度上碳储量估测以及碳汇林业的经营提供依据,同时也可为今后相关研究的样地选择提供重要参考。

6.2　研究区自然概况

6.2.1　地理位置

研究区位于河南省南部鸡公山国家级自然保护区(东经114°01′~114°06′,北纬

31°46′~31°52′)。鸡公山自然保护区位于豫鄂两省交界处,面积2 928 hm²。原鸡公山林场1982年经有关部门批准为省级自然保护区,1988年经国务院批准为国家级自然保护区。鸡公山距信阳市区仅30 km,紧靠西侧有国道107线、京广高铁和老京广铁路经过,东侧有京珠高速公路,交通十分便利。

6.2.2 自然条件

6.2.2.1 地形地貌

鸡公山地处大别山西端的浅山区,坐落在独特的横向山脉和山顶盆地上,海拔120~810 m。区内主体山系基本上分布在豫鄂省界上,呈近东西走向,主体山系以南的河流属于长江水系,主体山系以北的河流属于淮河水系。区内地表径流侵蚀作用强烈,沟谷切割较深,山坡坡度较大。山脉经纬分明,沟谷纵横密布。

6.2.2.2 气候特征

鸡公山地区处于北亚热带边缘,具有四季分明,光、热、水同期,日照充足,雨量充沛的特点,气候温暖湿润,具有北亚热带向暖温带过渡的季风气候和山地气候的特征。太阳总辐射年平均为4 928.7 MJ/m²。年平均气温15.2 ℃,年平均日照时数2 060.3 h,极端最低温度为-20.0 ℃,极端最高温度为40.9 ℃。年平均降水量为1 118.7 mm,降水主要集中在4~9月,占全年降水量的75%,无霜期220 d,年平均蒸发量为1 373.8 mm。

6.2.2.3 土壤类型

土壤以山地黄棕壤为主,土层厚度30~60 cm。主要土类有山地黄棕壤、石质土、粗骨土、水稻土。主要成土母岩为花岗岩、变质花岗岩和片麻岩。

6.2.2.4 水文

区内的地表水系发育充分,地表水以河流、小溪、水库、瀑布、山泉等形式星罗棋布。发源于区内的东双河、西双河、九渡河汇入浉河,复入淮河;区内的环水、大悟河汇入汉水,复入长江。

6.2.3 植物资源

鸡公山处于北亚热带向暖温带过渡地带,是长江、淮河两大水系的分水岭。该区域的森林植被不仅在水平地带上具有独特的过渡性特征,同时在海拔梯度上也有一定的垂直带谱。鸡公山属亚热带常绿阔叶林区域的桐柏、大别山丘陵松栎林植被片,具有南暖温带向北亚热带过渡的性质,是华东、华中、华北、西南植物区系的交会地,各种成分兼容并存,植物种类相当丰富,主要森林植被类型有落叶阔叶林、针阔叶混交林、马尾松林和灌木林。区内森林覆被率高达90%以上,森林植物生长繁茂。

鸡公山林区植物资源丰富,种类繁多。该区域共有植物259科903属2 061种及变种。分布的植物占河南植物总科数的89%、总属数的61%、总种数的41%,可见该区植物种的饱和度较大,物种丰富。从中国特有种的地理分布表明,与华中地区共有472种,含23个华中特有种;与华东地区共有397种,含17个华东特有种;与西南地区共有301种;与华北地区共有225种,含华北特有种9种。此外,该区还是我国南北植物分布的天然界线之一,以此为北界的植物有55属107种,以此为南界的植物有8属21种。从上述情况看,鸡公山是科学研究和植物引种驯化的理想地段。

该区域现有国家重点保护植物 9 种,占河南全省的 27.3%;省级重点保护濒危植物 10 种,占全省的 23.6%;引种栽培的珍稀濒危保护植物近 20 种。

6.3　研究内容和调查研究方法

6.3.1　研究内容

(1)鸡公山天然落叶栎林和松栎混交林土壤有机碳空间分布特征,依托河南鸡公山森林生态国家站,主要开展两种林分土壤有机碳剖面垂直变异和山体(海拔)垂直变异特征研究。

(2)鸡公山两种天然林分生态系统碳储量分布特征,包括生态系统总碳储量以及碳储量在不同采样层次(乔木层、林下植被层、凋落物层和土壤层)上的分布特征。

(3)影响鸡公山两种天然林分碳储量的因素分析,分析山体海拔、林分密度以及样品碳含量系数等对林分碳储量的影响。

6.3.2　调查研究方法

6.3.2.1　样地设置

1.样地选择

样地选择要求:

(1)样地应设置在所调查生物群落的典型地段。

(2)植物种类成分的分布应均匀一致。

(3)群落结构要完整,层次分明。

(4)样地条件(特别是地形和土壤)一致。

(5)样地用显著的实物标记,以便明确观测范围。

(6)样地面积不宜小于森林群落最小面积。

2.样地基本情况

选择鸡公山两种典型林分类型落叶栎林(栓皮栎(*Quercus variabilis* Blume.) - 麻栎(*Quercus acutissima* Carr.)混交林)和松栎混交林(马尾松(*Pinus massoniana* Lamb) - 落叶栎林)作为研究对象。于 2011 年分别在鸡公山海拔 200 m、400 m 和 600 m 处,分别选择了栓皮栎 - 麻栎阔叶落叶混交林和马尾松 - 落叶栎类混交林等天然次生林分,建立试验样地。样地规格为 20 m×30 m;在各个海拔,每种林分设 3 块样地作为重复,共设置样地 18 块(见表6-4)。用全站仪、手持式 GPS 等测定样地坡度、坡向、海拔、经纬度等。同时,开展样地群落学特性以及林地凋落物、土壤调查。样地群落学特性主要调查指标包括林分密度、郁闭度、林龄、乔木树高、胸径、灌木高度、地径和草本植物株数、盖度、高度等。土壤调查详见项目实施方案样地调查表格。

栎类次生阔叶林群落中常见的优势乔木树种有栓皮栎、麻栎、枫香(*Liquidambar formosana*)等。松栎混交林群落中常见的优势乔木树种有栓皮栎、马尾松、麻栎等。林下植被灌木层优势种主要有黄连木(*Pistacia chinensis*)、山胡椒(*Lindera glauca*)、黄荆条(*Vitex negundo*)等,草本层优势种主要有显籽草(*Phaenosperma globosa*)、络石(*Trachelo-*

spermum jasminoides)、爬山虎(*Parthenocissus tricuspidata*)等。松栎混交林样地松栎树种株数比例为4:6。两种林分群落均具有良好的复层结构。

表6-4 样地基本情况

森林类型	海拔（m）	土壤类型	林分密度（株/hm²）	蓄积量（m³/hm²）	林龄（a）	优势树种	平均高度（m）	平均胸径（cm）	郁闭度
落叶栎林	195～202	黄棕壤	900	227	55	栓皮栎 麻栎	24 27	36 36	0.9
	198～211	黄棕壤	625	178	55	栓皮栎 麻栎	21 22	29 28	0.9
	184～193	黄棕壤	525	139	55	栓皮栎 麻栎	22 19	38 24	0.9
松栎混交林	196～208	黄棕壤	850	257	50	马尾松 栎类	18 15	27 19	0.9
	192～203	黄棕壤	850	258	50	马尾松 栎类	22 29	27 47	0.9
	200～215	黄棕壤	720	181	50	马尾松 栎类	18 20	23 31	0.9
落叶栎林	370～382	黄棕壤	960	215	50	栓皮栎 麻栎	20 9	35 10	0.9
	360～373	黄棕壤	1 060	166	50	栓皮栎 麻栎	21 23	40 39	0.9
	400～411	黄棕壤	800	113	50	栓皮栎 麻栎	11 17	19 27	0.9
松栎混交林	402～418	黄棕壤	1 400	124	50	马尾松 栎类	10 15	16 36	0.9
	393～404	黄棕壤	1 075	250	50	马尾松 栎类	15 17	23 29	0.9
	396～408	黄棕壤	1 450	258	50	马尾松 栎类	13 17	21 27	0.9
落叶栎林	575～585	黄棕壤	1 100	143	50	栓皮栎 麻栎	13 9	29 17	0.9
	560～573	黄棕壤	1 250	125	50	栓皮栎 麻栎	12 7	27 15	0.9
	570～582	黄棕壤	1 475	156	50	栓皮栎 麻栎	16 16	20 22	0.9
松栎混交林	575～588	黄棕壤	1 550	255	50	马尾松 栎类	14 15	20 22	0.9
	565～580	黄棕壤	1 450	180	50	马尾松 栎类	13 16	22 28	0.9
	583～596	黄棕壤	875	199	50	马尾松 栎类	15 15	29 24	0.9

注:落叶栎林 deciduous oak forest;松栎混交林 pine - oak forest;黄棕壤 Yellow brown soil;栓皮栎 *Quercus variabilis*;麻栎 *Quercus acutissima*;马尾松 *Pinus massoniana*;栎类 *Oak*.

6.3.2.2　乔木层生物量和碳储量调查

乔木进行每木检尺,调查其树高、胸径、冠幅等测树指标。由于所选样地森林实行封育经营,禁止采伐林木,因而本项目乔木层生物量通过引用生物量方程进行估测。

其中松栎混交林中的马尾松应用张国斌等(2012)提出的马尾松生物量与胸径的回归模型($W=aD^b$),落叶栎林和松栎混交林中的栎类统一应用刘玉萃等(1998)提出的栓皮栎生物量与胸径、树高的回归模型 $[\lg W=a+b\lg(D^2H)]$,根据样地林木胸径、树高数据,分别估算样地马尾松、栎类不同生物量组分(叶、枝、干、皮和根)的生物量(见表 6-5)。然后,根据不同树种碳 – 生物量转换系数将林木各组分生物量转换为碳储量,其中马尾松碳 – 生物量转换系数采用巫涛等(2012)测定的 0.5117,而栎类采用马钦彦等(2002)测定的 0.488 0。

表 6-5　生物量异速生长方程

树种	器官	方程	参数	
			a	b
马尾松	干	$W=aD^b$	0.036	2.609
	皮		0.048	1.707
	枝		0.005	2.774
	叶		0.005	2.264
	根		0.027	2.127
栎类	干	$\lg W=a+b\lg(D^2H)$	− 0.544 023	0.679 572
	皮		− 0.824 562	0.589 619
	枝		− 2.560 986	1.109 206
	叶		− 2.003 84	0.746 017
	根		− 0.264 502	0.517 306

6.3.2.3　林下植被和凋落物层碳储量测定

灌木层和草本层植被生物量调查采用挖掘法。在每个样地内按对角线法,设置 4 个 2 m×2 m 的灌木样方和 4 个 1 m×1 m 草本及凋落物样方。样方内灌木(枝、干、叶、根)及草本(叶、根)样品采取挖掘法获取。由于凋落物层存在明显的层次结构,因而将凋落物分成未分解层和半分解层分别进行取样。为计算方便,将所有胸径小于 3 cm 的乔木树种列入灌木层一并统计。将收集的样品带回实验室,置于 80 ℃下烘干至恒重。此后,称重、粉碎、过筛,然后用重铬酸钾氧化 – 外加热法测定其碳含量。用样品干重,换算成单位面积生物量和凋落物量,然后根据灌木层和草本层植被生物量和碳含量,计算其碳储量(LY/T 1952—2011)。

6.3.2.4　土壤样品的采集与分析方法

在各个样地上部、中部和下部选择典型位置,各挖土壤剖面 1 个,剖面深至母岩。在本次调查的 18 个样地中,共挖土壤剖面 54 个。对每个剖面进行土壤类型、发生层、厚度、

· 99 ·

颜色、结构、质地、紧实度、根量、石砾含量等观测。

用环刀在 0~10 cm、10~20 cm、20~40 cm 和 40~60 cm 层,分别取样进行土壤容重测定。土壤容重用烘干法测定。并在不同深度土壤层,采集土壤样品,进行土壤有机碳含量分析。在本次试验中,共采集土壤容重和有机碳分析样品各 174 份。

有机碳含量分析样品带回实验室后,经风干、去杂处理后,研磨全部通过 0.149 mm 筛,储存备用。土壤有机碳含量采用重铬酸钾氧化 - 外加热法测定。土壤有机碳密度是指单位面积一定深度的土层中土壤有机碳的贮量,本书采用 kg/m² 表示。土壤有机碳密度根据下式计算:

$$SOCD_k = C_k D_k E_k (1 - G_k)/100$$

式中　$SOCD_k$——第 k 层土壤有机碳密度,kg/m²;

　　　k——土壤层次;

　　　C_k——第 k 层土壤有机碳含量,g/kg;

　　　D_k——第 k 层土壤容重,g/cm³;

　　　E_k——第 k 层土层厚度,cm;

　　　G_k——第 k 层土层中直径大于 2 mm 石砾所占体积百分比(Baties N H,1996)。

如果某一土壤剖面由 k 土层组成,那么该剖面的总有机碳密度($TSOC$)为:

$$TSOC = \sum_{i=1}^{k} SOCD_i = \sum_{i=1}^{k} C_i D_i E_i (1 - G_i)/100$$

6.3.2.5　数据处理

数据统计分析采用 SPSS 17.0 软件包和 Microsoft Excel 2007 软件完成,采用单因素方差分析比较不同参数间的差异显著性(LSD 法,$\alpha = 0.05$)。

6.4　结果与分析

6.4.1　两种林分土壤有机碳空间分布特征

6.4.1.1　两种林分不同土壤深度有机碳含量和密度变化

两种林分土壤有机碳含量和密度剖面垂直变异特征相似,均随着土层深度增加而明显降低(见图 6-1、图 6-2)。但不同林分土壤有机碳含量随土层深度增加而降低的程度不同,其中海拔 600 m 落叶栎林的降低幅度最大,海拔 400 m 落叶栎林的降低幅度最小,只有海拔 200 m 和 400 m 松栎混交林在 0~10 cm 和 10~20 cm 土层,土壤有机碳含量差异不大。0~10 cm 表土层和 10~20 cm 亚表层土壤有机碳密度之和占整个剖面的77.2%~92.9%,20 cm 厚度土壤有机碳密度平均值 5.79 kg/m²。

落叶栎林 0~10 cm、10~20 cm、20~40 cm 和 40~60 cm 4 个土层土壤有机碳含量分别为 35.55 g/kg、17.46 g/kg、12.02 g/kg 和 2.68 g/kg。落叶栎林 0~10 cm、10~20 cm、20~40 cm 和 40~60 cm 4 个土层土壤有机碳密度分别为 3.89 kg/m²、1.92 kg/m²、0.73 kg/m² 和 0.08 kg/m²。落叶栎林 20 cm 厚度土壤有机碳密度对剖面总有机碳贡献率为85.1%~92.9%。

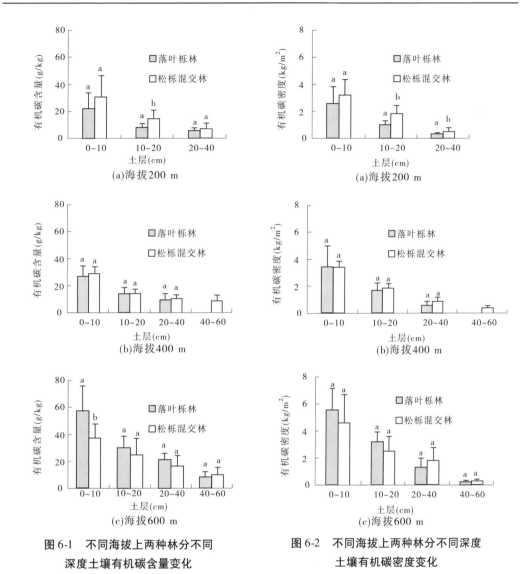

图 6-1　不同海拔上两种林分不同
深度土壤有机碳含量变化

图 6-2　不同海拔上两种林分不同深度
土壤有机碳密度变化

同一土层不同小写字母表示差异显著($P < 0.05$)。下同。

松栎混交林 0～10 cm、10～20 cm、20～40 cm 和 40～60 cm 4 个土层土壤有机碳含量分别为 32.30 g/kg、17.84 g/kg、11.18 g/kg 和 6.03 g/kg。松栎混交林 0～10 cm、10～20 cm、20～40 cm 和 40～60 cm 4 个土层土壤有机碳密度分别为 3.73 kg/m²、2.03 kg/m²、1.07 kg/m² 和 0.22 kg/m²。松栎混交林 20 cm 厚度土壤有机碳密度对剖面总有机碳贡献率为 77.2%～90.7%。

在 200 m 海拔上,两种林分土壤有机碳含量只在 10～20 cm 土层存在显著差异($P < 0.05$),在 0～10 cm 和 20～40 cm 2 个土层,其差异均未达到显著水平[见图 6-1(a)]。土壤有机碳密度在 10～20 cm 和 20～40 cm 2 个土层均存在显著差异($P < 0.05$),在 0～10 cm 土层差异未达到显著水平[见图 6-2(a)]。松栎混交林剖面土壤有机碳密度明显高于落叶栎林,前者相当于后者的 1.47 倍。

在 400 m 海拔上,两种林分土壤有机碳含量和密度在 0 ~ 10 cm、10 ~ 20 cm 和 20 ~ 40 cm 3 个土层,差异均未达到显著水平($P < 0.05$),其中落叶栎林没有 40 ~ 60 cm 土层[见图 6-1(b)、图 6-2(b)]。松栎混交林剖面土壤有机碳密度略高于落叶栎林,前者相当于后者的 1.12 倍。

在 600 m 海拔上,两种林分土壤有机碳含量只在 0 ~ 10 cm 土层存在显著差异($P < 0.05$),在 10 ~ 20 cm、20 ~ 40 cm 和 40 ~ 60 cm 3 个土层,其差异均未达到显著水平[见图 6-1(c)]。在各个土层深度土壤有机碳密度差异均未达到显著水平[见图 6-2(c)]。剖面土壤有机碳密度则表现为落叶栎林略高于松栎混交林,前者相当于后者的 1.12 倍。

6.4.1.2　不同海拔林分土壤有机碳含量变化

两种林分土壤有机碳含量均表现为随着海拔升高而明显增加,其中落叶栎林随着海拔升高增加更为明显,由 200 m 升高到 600 m,其土壤剖面有机碳含量平均值由 6.99 g/kg 增加到 24.34 g/kg;而松栎混交林增加幅度相对缓和。

在 200 m、400 m 和 600 m 海拔,两种林分土壤有机碳含量平均值分别为 8.44 g/kg、11.73 g/kg 和 21.58 g/kg。200 m 和 400 m 海拔土壤有机碳含量仅分别相当于 600 m 海拔的 39.1% 和 54.4%。

6.4.1.3　不同海拔林分土壤有机碳密度变化

两种林分土壤有机碳密度随着海拔变异与有机碳含量相似,表现为随着海拔升高而明显增加,其中落叶栎林随着海拔升高增加幅度更为明显,由 200 m 升高到 600 m,其土壤有机碳密度由 3.66 kg/m² 增加到 10.42 kg/m²;松栎混交林在 200 m 和 400 m 这两个海拔增加最为缓和。

两种林分土壤有机碳密度平均值为 6.83 kg/m²。在 200 m、400 m 和 600 m 海拔,土壤有机碳密度分别为 4.52 kg/m²、6.12 kg/m² 和 9.87 kg/m²。200 m 和 400 m 海拔土壤有机碳密度仅分别相当于 600 m 海拔的 45.8% 和 62.0%。

6.4.2　天然落叶栎林生态系统碳储量分布特征

6.4.2.1　天然落叶栎林乔木层碳储量

落叶栎林乔木层总生物量为 167.31 t/hm²,总碳储量为 81.65 t/hm²(见表 6-6)。通过多重比较发现,乔木层各器官之间生物量存在显著差异($P < 0.05$),其中树干最大,为 72.41 t/hm²,占乔木层总生物量的 43.28%;其次是树枝和树根,分别为 41.02 t/hm² 和 32.38 t/hm²,占总生物量的 24.52% 和 19.35%;树叶和树皮生物量在乔木层各器官中最低,分别是 4.62 t/hm² 和 16.87 t/hm²,只占总生物量的 2.76% 和 10.08%。

6.4.2.2　天然落叶栎林林下植被层和凋落物层碳储量

1. 两种林分灌木层植物不同器官碳含量特征

对两种林分调查样方内优势灌木种类进行碳含量测定,结果表明,灌木层优势种各器官碳含量介于 0.312 7 ~ 0.563 4 g/g,平均为 0.453 9 g/g(见表 6-7)。灌木层不同物种之间碳含量差异大,其中青冈栎最高,为 0.482 6 g/g;漆树最低,为 0.426 1 g/g。同一植物不同器官之间碳含量也存在着较大差异。总体上看,不同植物,由于其自身生理特征的差异,各组分碳含量的高低分布呈现出随机性并不依某种规律变化,完全由各植物种自身的特性决定。

表 6-6　乔木层各器官生物量分布特征　　　　　　　　　　（单位：t/hm²）

器官	生物量	比例（%）	总生物量	总碳储量
干	72.41±17.55a	43.28		
皮	16.87±3.50c	10.08		
枝	41.02±20.38b	24.52	167.31±46.12	81.65
叶	4.62±1.28d	2.76		
根	32.38±6.23b	19.36		

注：同列数据后不同小写字母表示差异显著（P<0.05），±后面为标准差，下同。

表 6-7　灌木层植物各器官碳含量特征　　　　　　　　　　（单位：g/g）

植物	碳含量					
	干	皮	枝	叶	根	平均
山胡椒 *Lindera glauca*	0.456 3	0.443 1	0.447 3	0.471 3	0.490 3	0.461 7±0.019 3
枫香 *Liquidambar formosana*	0.461 5	0.312 7	0.444 8	0.563 4	0.388 1	0.434 1±0.092 8
青冈栎 *Quercus denlata*	0.463 0	0.465 1	0.466 8	0.537 7	0.480 6	0.482 6±0.031 5
栓皮栎 *Quercus variabilis*	0.502 0	0.475 6	0.474 9	0.487 1	0.439 3	0.475 8±0.023 2
黄连木 *Pistacia chinensis*	0.445 1	0.399 6	0.443 5	0.463 1	0.424 9	0.435 2±0.024 1
黄荆条 *Vitex negundo*	0.468 4	0.444 3	0.422 4	0.503 9	0.449 9	0.457 8±0.030 6
茶杆竹 *Pseudosasa amabilis*	0.449 5	—	0.468 5	0.508 5	0.406 4	0.458 2±0.042 4
漆树 *Toxicodendron vernicifluum*	0.453 0	0.362 0	0.452 6	0.455 2	0.407 6	0.426 1±0.041 0
平均	0.462 4±0.017 7	0.414 6±0.059 6	0.452 6±0.017 1	0.498 8±0.037 6	0.435 9±0.036 3	0.453 9±0.044 4

2. 天然落叶栎林林下植被层碳储量

根据试验样方各物种实测生物量和碳含量，计算得出落叶栎林灌木层生物量和碳储量分别为 2.33 t/hm² 和 1.09 t/hm²，草本层生物量和碳储量分别为 0.57 t/hm² 和 0.23

t/hm^2（见表6-8）。林下植被层生物量和碳储量较小，这主要是由于林分乔木层复层结构良好，郁闭度高，能透过林冠的光线较少，抑制了林下植物的生长。林下植被层生物量、碳储量虽然较小，但在群落演替中却起着重要而不可替代的作用。

表6-8　落叶栎林林下植被层碳储量　　　　　　（单位: t/hm^2）

层次	生物量	碳储量
灌木层	2.33 ± 0.70	1.09 ± 0.34
草本层	0.57 ± 0.13	0.23 ± 0.06

3. 天然落叶栎林凋落物层碳储量

森林凋落物层厚度、生物量、碳储量大小与林型、林龄、植被层结构、凋落物的分解速度、人为干扰以及温度、水分等因子有关。落叶栎林由于林龄较大，凋落物层有较好的层次结构，按未分解凋落物和半分解凋落物分层取样，测定其生物量、碳含量和碳储量（见表6-9）。结果表明，未分解凋落物生物量和碳储量分别为 7.63 t/hm^2 和 3.66 t/hm^2，半分解凋落物生物量和碳储量分别为 17.01 t/hm^2 和 3.84 t/hm^2。未分解凋落物和半分解凋落物虽然生物量差异较大，但碳储量差异不显著，这主要是未分解凋落物和半分解凋落物碳含量差异较大引起的。未分解凋落物碳含量与乔木层碳含量接近，而半分解凋落物碳含量明显降低。因此，在研究凋落物碳储量时，对凋落物按照分解程度的不同分层进行研究是十分必要的。半分解凋落物相比于地上各层次植被的碳含量低，是由于凋落物分解后使部分碳以有机质的形式进入土壤，而大部分的碳则以 CO_2 的形式释放到大气中。

表6-9　落叶栎林凋落物层碳储量

类型	生物量(t/hm^2)	碳含量(%)	碳储量(t/hm^2)
未分解凋落物	7.63 ± 2.85	47.9 ± 1.01	3.66 ± 1.37
半分解凋落物	17.01 ± 6.34	22.6 ± 0.55	3.84 ± 1.43

6.4.2.3　天然落叶栎林土壤层碳储量

落叶栎林9个样地土壤有机碳储量平均值为66.13 t/hm^2，土壤层碳储量空间分布特征详见6.4.1部分。

6.4.2.4　天然落叶栎林生态系统总碳储量

1. 落叶栎林生态系统总碳储量分布特征

林分尺度上的落叶栎林整个生态系统的碳储量为156.59 t/hm^2（见表6-10，表中数据为9个样地的平均值），其中乔木层贡献最大，为81.65 t/hm^2，占52.14%；其次是土壤层，为66.13 t/hm^2，占42.23%；草本层和灌木层贡献最小，分别只有0.23 t/hm^2 和1.09 t/hm^2，仅占0.15%和0.69%；凋落物层碳储量为7.50 t/hm^2，占4.79%。尽管凋落物层碳储量不大，但却是土壤有机碳的主要来源，而且能有效覆盖地表，阻止表层土壤的碳流失。

表 6-10 落叶栎林生态系统碳储量的分布

层次	碳储量（t/hm²）	比例（%）
乔木层	81.65	52.14
灌木层	1.09	0.69
草本层	0.23	0.15
凋落物层	7.50	4.79
土壤层	66.13	42.23
合计	156.59	100

2. 不同海拔落叶栎林碳储量变化

200 m、400 m 和 600 m 三个海拔上，落叶栎林生态系统仅在土壤层总碳储量存在显著差异，其中 400 m 和 600 m 海拔土壤总碳储量显著高于 200 m（$P < 0.05$），而 400 m 和 600 m 海拔之间土壤总碳储量差异未达到显著水平。其他各层次（乔木层、林下植被层和凋落物层）在不同海拔上总碳储量差异均未达到显著水平（见图 6-3，图中数据为同一海拔 3 块样地的平均值）。

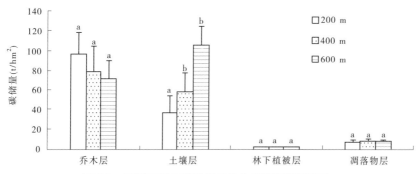

图 6-3 不同海拔上落叶栎林生态系统碳储量变化

6.4.3 天然松栎混交林生态系统碳储量分布特征

6.4.3.1 天然松栎混交林乔木层碳储量

松栎混交林乔木层 9 块样地总生物量平均值为 197.50 t/hm²，总碳储量平均值为 97.57 t/hm²（见表 6-11）。乔木层不同器官之间生物量存在显著差异（$P < 0.05$），其中树干最大，其次是树枝，树叶最低。不同器官生物量大小排序表现为树干＞树枝＞树根＞树皮＞树叶。

6.4.3.2 天然松栎混交林林下植被层碳储量

根据小样方各物种实测生物量和碳含量，计算得出松栎混交林 9 块样地灌木层生物量和碳储量分别为 1.83 t/hm² 和 0.83 t/hm²，草本层生物量和碳储量分别为 0.58 t/hm² 和 0.21 t/hm²（见表 6-12）。

表 6-11 乔木层各器官生物量分布特征

器官	生物量(t/hm²)	比例(%)	总生物量(t/hm²)	总碳储量(t/hm²)
干	98.04±23.52a	49.64		
皮	17.45±3.83c	8.84		
枝	42.10±15.48b	21.32	197.50±46.65	97.57
叶	5.58±1.35d	2.82		
根	34.33±7.01b	17.38		

表 6-12 松栎混交林林下植被层碳储量　　　　　　　（单位:t/hm²）

层次	生物量	碳储量
灌木层	1.83±0.72	0.83±0.35
草本层	0.58±0.29	0.21±0.11

6.4.3.3　天然松栎混交林凋落物层碳储量

松栎混交林凋落物层有较好的层次结构,按未分解凋落物和半分解凋落物分层取样,测定其生物量、碳含量和碳储量(见表 6-13)。结果表明,9 块样地未分解凋落物生物量和碳储量分别为 8.34 t/hm² 和 3.46 t/hm²,半分解凋落物生物量和碳储量分别为 19.18 t/hm² 和 7.11 t/hm²。半分解凋落物碳含量低于乔木层和灌木层碳含量,同时也低于未分解凋落物。

表 6-13 松栎混交林凋落物碳储量

类型	生物量(t/hm²)	碳含量(%)	碳储量(t/hm²)
未分解凋落物	8.34±2.26	41.49±1.56	3.46±0.94
半分解凋落物	19.18±6.31	37.08±0.87	7.11±2.34

6.4.3.4　天然松栎混交林土壤层碳储量

松栎混交林 9 个样地土壤有机碳储量平均值为 70.56 t/hm²,土壤层碳储量空间分布特征详见 6.4.1 部分。

6.4.3.5　天然松栎混交林生态系统总碳储量

1. 天然松栎混交林生态系统总碳储量分布特征

林分尺度上的松栎混交林生态系统总碳储量平均值为 179.74 t/hm²(见图 6-4,图中数据为 9 块样地的平均值),其中乔木层贡献最大,为 97.57 t/hm²,占 54.28%;其次是土壤层,为 70.56 t/hm²,占 39.26%;林下植被层(草本层和灌木层)贡献最小,只有 1.04 t/hm²,仅占 0.58%;凋落物层碳储量为 10.57 t/hm²,占 5.88%。不同层次碳储量大小排序表现为乔木层>土壤层>凋落物层>林下植被层。乔木层和土壤层碳储量之和占松栎混交林生态系统总碳储量的 93.54%,是对林分总碳储量起决定作用的两个层次。

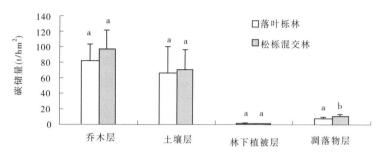

图 6-4　两种林分不同层次碳储量变化

2. 不同海拔上松栎混交林生态系统碳储量变化

在 200 m、400 m 和 600 m 三个海拔上，松栎混交林生态系统仅在土壤层总碳储量存在显著差异，其中 600 m 海拔土壤总碳储量显著高于 200 m 和 400 m($P<0.05$)，而 200 m 和 400 m 海拔之间土壤总碳储量差异未达到显著水平。其他各层次(乔木层、林下植被层和凋落物层)在不同海拔上总碳储量差异均未达到显著水平(见图 6-5，图中数据为同一海拔 3 块样地的平均值)。

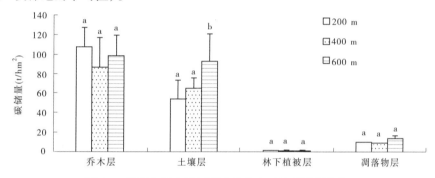

图 6-5　不同海拔上松栎混交林生态系统碳储量变化

6.4.4　不同海拔天然落叶栎林和松栎混交林碳储量变化

6.4.4.1　两种林分总碳储量变化

松栎混交林生态系统总碳储量(179.74 t/hm²)略高于落叶栎林(156.59 t/hm²)，前者相当于后者的 1.15 倍，但二者差异未达到显著水平(见图 6-4，两种林分图中数据均为 9 个样地的平均值)。两种林分碳储量空间分布特征相似，均表现为乔木层＞土壤层＞凋落物层＞林下植被层。在不同采样层次上，两种林分只在凋落物层碳储量存在显著差异($P<0.05$)，其他各层(乔木层、林下植被层和土壤层)差异均未达到显著水平。

6.4.4.2　不同海拔上两种林分碳储量变化

在 200 m 和 600 m 海拔上，两种林分仅在凋落物层碳储量存在显著差异($P<0.05$)，其他各层次(乔木层、林下植被层和土壤层)碳储量差异均未达到显著水平。而在 400 m 海拔上，两种林分各层次(乔木层、林下植被层、凋落物层和土壤层)碳储量差异均未达到显著水平(见图 6-6，图中数据为同一海拔 3 块样地的平均值)。

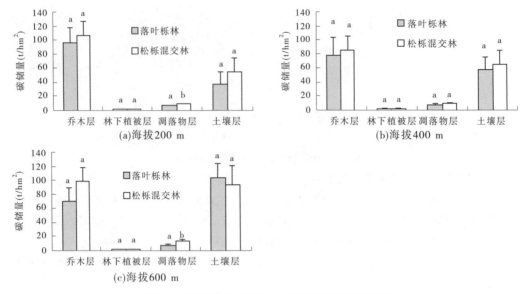

图6-6　不同海拔上两种林分不同层次碳储量变化

6.5　结论与讨论

6.5.1　两种林分土壤有机碳空间分布特征

6.5.1.1　鸡公山两种典型林分土壤有机碳密度特征

本研究通过野外实地调查获得的两种林分土壤有机碳密度平均值为6.83 kg/m²,明显低于周玉荣等(19.36 kg/m²,2000)和解宪丽等(11.59 kg/m²,2004)估算的我国森林土壤有机碳密度平均值,也明显低于美国大陆(10.8 kg/m²)和澳大利亚(8.3 kg/m²)的森林土壤有机碳密度(Dixon R K et al,1994),和于建军等(2008)估算的河南省土壤有机碳密度平均值(7.46 kg/m²)接近。与同种林分比较,本研究中落叶栎林(6.61 kg/m²)和松栎混交林(7.06 kg/m²)的土壤有机碳密度也显著低于王新闯等(2011)估算的吉林省落叶栎林(13.26 kg/m²)和针阔混交林(17.49 kg/m²)的水平。造成两种林分土壤有机碳密度偏低的主要原因:一是由于该区域土层发育浅薄,所选取的典型剖面土层厚度为22~62 cm,多数剖面土层厚度在40 cm左右。而许多学者估算大尺度土壤有机碳密度时往往采用1 m土深进行估算。如果仅比较20 cm厚度土壤有机碳密度,本研究中两种林分土壤有机碳密度平均值(5.79 kg/m²)则高于解宪丽等(4.24 kg/m²,2004)估算的我国森林平均水平。二是由研究方法不同造成的,对我国森林土壤有机碳密度的估算大多是基于土壤普查资料或收集一些文献数据资料,估算空间尺度普遍较大,因土壤调查时抽样样本较少造成研究结果偏差(方运霆等,2004)。

在200 m海拔上,两种林分土壤有机碳密度差异显著,松栎混交林相当于落叶栎林的1.47倍;而在400 m和600 m海拔上,两种林分土壤有机碳密度差异均未达到显著水平。从增加森林土壤有机碳储量角度考虑,在该地区海拔200 m以下的浅山丘岗区营造松栎混交林有助于土壤有机碳的积累。

6.5.1.2 鸡公山两种典型林分土壤有机碳含量和密度随着土层深度变化特征

单位深度土壤各层平均有机碳含量和密度都以表层土最大,这与 Baties(1996)、黄从德等(2009)的研究结果是一致的。不同海拔上,两种林分 0~10 cm 表土层和 10~20 cm 亚表层土壤有机碳密度占整个剖面的 77.2%~92.9%,表明土壤有机碳有显著的向表土层和亚表层富集的趋势,这主要是由于森林动植物残体、植物根系经微生物分解后首先补充表层土壤的有机质,同时也意味着该区域森林土壤储存的有机碳稳定性较差,人为扰动容易引起林地表层土水土流失,从而导致土壤有机碳储量减少。

6.5.1.3 鸡公山两种典型林分土壤有机碳含量和密度随着海拔变化特征

鸡公山两种典型林分土壤有机碳含量和密度均随着海拔升高而显著增加。造成不同海拔土壤有机碳密度差异的原因:一是林分密度等群落结构和组成的差异,影响进入土壤中的新鲜有机物(如根系分泌物、植物碎屑等)的数量和碳利用效率。林分密度对土壤有机碳密度有显著影响($P < 0.05$),土壤有机碳密度随着林分密度增加而呈现上升趋势,将试验样地林分密度作为自变量,土壤有机碳密度作为因变量,二者关系可用幂函数曲线式表示:$y = 0.030\ 4x^{1.102\ 9}$($n = 18$,$R^2 = 0.560\ 6$)。而林分蓄积量、林分胸高断面积对土壤有机碳密度的影响经单因素回归分析均没有显著相关性。二是不同海拔上土壤温度和土壤湿度的变化导致土壤微生物数量和活性的差异,进而影响到土壤动物和微生物群落的活动。随着海拔升高,温度降低,土壤动物和微生物群落的活性相对较低,土壤有机质分解较慢,土壤呼吸强度减弱,有利于土壤有机碳的积累。

6.5.2 影响鸡公山落叶栎林和松栎混交林生态系统碳储量的因素分析

6.5.2.1 碳含量系数对林分碳储量的影响

森林群落的生物量及其组成树种的碳含量是研究森林碳储量的关键因子,对它们的准确测定或估计是估算区域和全国森林生态系统碳储量的基础(周玉荣等,2000)。国内外研究者在研究森林生态系统碳储量特别是研究大尺度森林碳储量时,大多采用 0.5 来作为所有森林类型的平均碳含量(Fang et al,2001;Houghton et al,2000),也有采用 0.45 作为平均碳含量的(周玉荣等,2000),根据不同森林类型采用不同碳含量的不多。本项目在研究鸡公山落叶栎林和松栎混交林生态系统的碳储量时,乔木层中的马尾松碳含量取 0.511 7(巫涛等,2012),而栎类碳含量取 0.488 0(马钦彦,2002),乔木层碳 - 生物量转换系数的适用性有待今后进一步研究;其他各层均采用实测数据,其中灌木层为 0.312 7~0.563 4 g/g,草本层为 0.316 3~0.419 7 g/g,凋落物层为 0.226~0.479 g/g,土壤层有机碳含量随着土层深度的增加而降低,采样层次上存在显著差异($P < 0.05$)。这说明不同种类的植物及同一种植物的不同组织器官中碳元素的含量是有差别的。因此,在对林分尺度上的生态系统碳储量进行估算时,应该按照林分空间分布特征,分层使用不同的碳含量或换算系数,可以更加准确地反映森林碳储量的大小。

6.5.2.2 山体海拔对落叶栎林和松栎混交林生态系统碳储量的影响

200 m、400 m 和 600 m 三个海拔上,两种林分均表现为仅在土壤层总碳储量存在显著差异,其中落叶栎林 400 m 和 600 m 海拔土壤总碳储量显著高于 200 m($P < 0.05$),而 400 m 和 600 m 海拔之间土壤总碳储量差异未达到显著水平;松栎混交林 600 m 海拔土壤总碳储量显著高于 200 m 和 400 m($P < 0.05$),而 200 m 和 400 m 海拔之间土壤总碳储量差异未达到显著水平。两种林分其他各层次(乔木层、林下植被层和凋落物层)在不同

海拔上总碳储量差异均未达到显著水平。

在 200 m 和 600 m 海拔上,两种林分之间仅在凋落物层碳储量存在显著差异($P <$ 0.05),均表现为松栎混交林显著高于落叶栎林;其他各层次(乔木层、林下植被层和土壤层)碳储量差异均未达到显著水平。而在 400 m 海拔上,两种林分各层次(乔木层、林下植被层、凋落物层和土壤层)碳储量差异均未达到显著水平。凋落物层碳储量差异主要是由两种林分之间半分解凋落物碳含量差异引起的。由于落叶栎林凋落物主要集中在冬季,至夏季调查采样时半分解凋落物分解程度相对较高,分解后大部分的碳被释放到大气中,同时少部分碳通过淋溶作用进入土壤,从而致使半分解凋落物碳含量较低。而松栎混交林凋落物特别是其中的马尾松凋落物凋落时间相对分散,至夏季调查采样时半分解凋落物分解程度相对较低,从而使其碳含量相对落叶栎林较高。

6.5.2.3 林分密度对鸡公山落叶栎林和松栎混交林生态系统碳储量的影响

两种林分试验样地总碳储量和土壤层碳储量均与林分密度呈现正相关关系,总碳储量和土壤层碳储量均随着样地林分密度的增加而呈现上升趋势,而乔木层碳储量与林分密度无显著相关性。将 18 个试验样地林分密度作为自变量,分别以样地林分总碳储量和土壤层碳储量作为因变量,其关系式可分别用 $y = 70.39\ln(x) - 318.43$($n = 18$, $R^2 = 0.4283$)和 $y = 0.0304x^{1.1029}$($n = 18$, $R^2 = 0.5606$)表示。林分碳储量与林分密度的关系可以为碳汇林业的经营提供科学依据。林分总碳储量以及不同采样层次碳储量与林分密度的关系可能因树种、林分密度范围、林分起源、林龄、土壤类型等不同而存在差异。由于本项目所研究林分样本有限(仅 18 个样地),且各样地林分密度范围相对较为集中(林分密度处于 525 ~ 1 550 株/hm²),林分密度与林分碳储量的关系尚需进一步深入地研究。

6.5.3 鸡公山落叶栎林和松栎混交林生态系统碳储量分布特征

鸡公山松栎混交林生态系统总碳储量(179.74 t/hm²)略高于落叶栎林(156.59 t/hm²),前者相当于后者的 1.15 倍,但二者差异未达到显著水平。在林分尺度上,两种林分碳储量空间分布特征相似,均表现为乔木层 > 土壤层 > 凋落物层 > 林下植被层。在不同采样层次上,两种林分只在凋落物层碳储量存在显著差异($P < 0.05$),其他各层(乔木层、林下植被层和土壤层)差异均未达到显著水平。

鸡公山两种林分生态系统总碳储量均明显低于周玉荣等(2000)估算的我国森林生态系统碳储量平均值(258.83 t/hm²)和落叶阔叶林(262.5 t/hm²)以及针叶、针阔混交林碳储量平均值(408.00 t/hm²)。鸡公山两种天然林分碳储量偏低主要是由于土壤层碳储量较低造成的,所研究两种林分土壤层碳储量均远低于我国森林生态系统土壤层碳储量的平均值(193.55 t/hm²,周玉荣等,2000)。鸡公山两种林分植被层碳储量均远高于全国平均值 57.07 t/hm²(周玉荣等,2000),这可能与所研究林分发育已接近成熟、群落结构较稳定、人为干扰较少等有关。两种林分凋落物层碳储量均与全国平均值(8.21 t/hm²,周玉荣等,2000)比较接近。由于我国地域广阔,不同区域气候、土壤、森林植被等差异大,在研究森林生态系统碳储量时,不仅要开展大尺度上的估算,更应加强林分尺度上的森林生态系统固碳能力和固碳潜力研究,以便为定量评价森林的碳汇功能、应对区域及全球气候变化提供理论基础和科学依据。

第7章　鸡公山自然保护区森林生态系统服务功能评估

7.1　国内外生态系统服务功能研究概述

7.1.1　研究背景

近年来,气候变暖、土地沙化、水土流失、物种减少等生态危机正日益严重地威胁着人类的生存和发展。随着地球生态系统受人类活动影响的不断加深,人们越来越关注陆地生态系统和全球变化的相互作用,也越来越需要了解有关地球生态系统的各种信息,以便为各国政府对生态保护、自然资源管理、可持续发展和应对全球气候变化等进行宏观决策提供科学依据。

森林是陆地生态系统的主体,是陆地上最大、最复杂的生态系统。森林在地球上分布广阔,生物多样性丰富,不仅能够为人类提供大量的林副产品,而且在生物界和非生物界的物质交换和能量流动中扮演着重要角色,对保持陆地生态系统的整体功能、维护地球的生态平衡、促进经济与生态协调发展发挥着中枢和杠杆作用。以森林为主要经营对象的林业,就是通过这些复杂的过程来生产生态产品的。这些生态产品包括:吸收二氧化碳、制造氧气、涵养水源、保持水土、净化水质、防风固沙、调节气候、净化空气、产生负氧离子、降低噪声、吸附粉尘、保护生物多样性等。随着科学的发展,人们逐渐认识到,森林作为生物圈中最重要的生态系统,它所具有的生态效益和社会效益远远超出了其所产生的经济效益。加强林业生态建设,最大限度地发挥森林生态系统服务功能,已成为全人类共同关注的热点问题之一,客观评价森林生态系统的服务功能价值动态变化,对于科学经营与管理森林资源具有重要的现实意义。

7.1.2　国内外研究现状

森林生态系统服务功能的主要体现为维持生命物质的生物地球化学循环与水文循环、维持生物物种多样性与遗传多样性、净化大气环境、维持大气化学的平衡与稳定(Costanza,1997;Alexander,1997)、提供人类生存所需要的林产品等。近年来,不断出现全球气候变暖、空气质量下降、土地及植被系统功能退化等一些全球性和区域性的环境问题,促使林学家、生态学家、生态经济学家等相关领域的科学家展开交叉研究、共同合作,从森林生态系统过程、生态系统服务功能维持及提高、生态系统经济价值等多个方面开展了综合研究,深入分析了森林生态系统服务功能的评价技术及生态经济价值的评估方法,充实并丰富了森林生态系统服务功能的内涵。

7.1.2.1　国外研究现状

生态服务功能的相关研究是近数十年新发展起来的生态学研究领域。然而早在1864年,美国学者 Marsh 就在其著作中记述了地中海地区人类活动对生态系统服务功能的破坏,首次抨击了"资源无限"论,认为空气、水、土壤和动植物都是人类的宝贵财富(Marsh,1864);Tasley(1935)提出生态系统的概念后,生态学领域研究的重点开始从群落结构的研究向系统功能的研究方向发展(辛琨等,2000);1949年,Aldo Leopold 提出生态服务功能的不可替代性(1949)。进入20世纪60年代,人类面临着自然资源的日益耗竭和生物多样性的加速丧失,John Krutilla 发表了《自然保护的再认识》,为自然资源服务功能的价值评估奠定了基础(Loomis,1986;Pearce et al,1994;Gowdy,1997)。1970年,SCEP 在《人类对全球环境的影响报告》中首次提出生态系统服务功能的概念并列举了生态系统对人类的环境服务功能(Pearce et al,1990;Peters et al,1989;Pimentel,1998)。1992年,Gordon lrene 论述了自然对人类的一些服务功能(Gordon lrene,1992)。随后,Daily 和 Constanza 在1997年都提出生态系统服务功能是自然生态系统形成的与人类生存发展相关的条件和过程(Daily,1997;Costanza,1997)。

在服务功能分类上,Daily(1997)列出了13项生命支持系统必需的功能;Costanza 等(1997)则将全球生态系统服务功能分为17类。当前,国际上广泛承认的分类系统是由联合国千年生态系统评估工作组（MA）(2002)根据生态系统提供服务的机制、类型和效用提出的分类法,将生态系统主要服务功能归纳为提供产品、调节、文化和支持四大功能组。

7.1.2.2　国内研究现状

我国在生态系统服务功能方面的研究始于20世纪90年代。欧阳志云等(1999)认为,生态系统服务功能是指生态系统与生态过程所形成及所维持的人类赖以生存的自然环境条件与效用。可见生态系统服务功能是人类生存与发展的基础。目前国内相关研究中,有关森林生态系统服务功能的研究最多(薛建辉等,2001;李少宁等,2004)。森林除了具有生产产品等直接功能外,更重要的功能在于支撑和维护着地球的生命支持系统,即发挥其生态服务功能。森林生态系统生态服务功能是指森林生态系统与生态过程所形成及维持的人类赖以生存的自然环境条件和效用(Daily,1997;Harold et al,1997;吴钢等,2001;余新晓等,2002;李少宁等,2004)。至此,森林生态系统的生态服务功能具有共识基础的概念表述为:森林生态系统生态服务功能是指森林生态系统及其生态过程所形成的有利于人类生存与发展的生态环境条件与效用,诸如涵养水源、调节气候和保持水土等功能。

与国外相比,我国生态系统服务功能的研究起步晚,功能分类上还不完善。欧阳志云等(1999)将生态系统服务功能分为有机质的生产与生态系统产品、生物多样性的产生与维持、调节气候等八类并做了具体阐述。赵同谦等(2004)对中国森林服务功能评价,参照 MA 的分类法分为四大类13项功能指标。2008年,原国家林业局发布了林业行业标准《森林生态系统服务功能评估规范》(LY/T 1721—2008),提出了中国森林生态系统服务功能评估的数据源、指标体系和评估方法等工作流程。该标准所涉及的森林生态系统服务功能评估指标体系内涵、外延清晰明确,计算公式表达准确,采用的数据源主要来自森林资源清查数据、生态站长期定位观测测得的生态参数以及社会公共数据,是一套科学、合理、可操作性强的评估指标体系,使得不同研究者、不同研究尺度的研究成果具有了可比性,为森林生态系统服务功能评估方法的规范化、标准化研究做出了有益的尝试。该标准界定了森林生态系统服务功能评估的数据来源、评估指标体系、评估公式等,适用于全国范围内森林生态系统主要生态服务功能的评估工作。标准发布后,国内许多学者的相关研究多以此标准中公布的数据来源、评估指标体系、评估公式等为依据进行森林生态价值评估(王兵等,2009;徐成立等,2010;刘林馨,2012;牛香等,2013),大大促进了我国不同尺度上森林生态系统服务功能评估工作。

7.1.3　研究的目的和意义

森林是陆地生态系统的主体,是人类进化的摇篮。森林在生物界和非生物界物质交换和能量流动中扮演着重要角色,对保持陆地生态系统的整体功能、维护全球生态平衡、促进经济与生态协调发展发挥着重要作用。森林不仅为人类提供木材、林产品和能源等多种有形产品,又能为人类提供森林观光、休闲度假和文化传承的场所,同时具有涵养水源、净化水质、固土保肥、固碳释氧、调节气候、净化空气、保护生物多样性等独特功能。因此,对森林的生态服务功能进行科学、量化的评估,对生态产品价值进行核算,进而体现林业在经济社会可持续发展中的战略地位和作用,反映林业建设成就,服务宏观决策,加快绿色国民经济核算体系建设以及正确处理社会经济发展与生态环境保护之间的关系,就成为目前一项重要而又紧迫的任务。

研究区域鸡公山自然保护区处于我国暖温带—亚热带过渡区。该区域森林植被资源丰富,植物种类繁多,地理生态区位独特。本项目以国家正式发布的相关标准规范为评估依据,以鸡公山自然保护区森林资源清查成果及 2019 年林地资源变更数据为数据基础,以鸡公山森林生态站以及周边台站为观测研究平台,以收集查阅的大量文献资料为参考,对鸡公山自然保护区森林生态系统生态服务功能物质量和价值量进行了系统的评估研究。客观、动态、科学地量化评估鸡公山自然保护区范围内森林资源生态服务功能及其价值,对于宣传林业在经济社会发展中的地位与作用,反映保护区林业生态建设成就,提高公众的生态环境意识,促进鸡公山自然保护区自然资产负债表的编制和当地生态旅游产业的发展,发挥森林的多功能价值,为决策和森林资源管护提供科学依据等均具有重要意义。

7.2　鸡公山自然保护区森林资源概况

7.2.1　森林资源

根据最新森林资源清查成果,河南鸡公山自然保护区总面积 2 927 hm²,森林面积为 2 896.6 hm²,包括乔木林 2 877.2 hm²、灌木林 19.4 hm²、森林覆盖率为 99.0%,活立木蓄积量为 34.26 万 m³。

7.2.2 优势树种(组)结构

按照有关森林资源规划设计调查技术细则,乔木林按蓄积量组成比重确定小班的优势树种(组)。一般情况下,按该树种蓄积占小班总蓄积65%以上确定,未达到起测胸径的幼龄林、未成林地,按株数组成比例确定。按照此标准,将鸡公山自然保护区林分划分为栎类、马尾松、杉木、其他硬阔林、针阔混交林、竹林、经济林和灌木林等8个优势树种(组)。

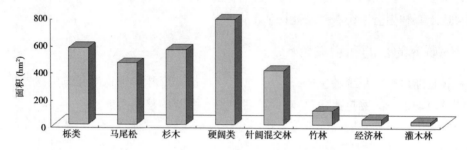

图7-1 鸡公山自然保护区各优势树种(组)面积

7.2.3 林龄结构

河南鸡公山自然保护区乔木林的面积2 877.15 hm²。其中中龄林的面积最大(1 546.01 hm²),占乔木林总面积的53.73%;中龄林蓄积量也最大(16.76 万 m³),占乔木林总蓄积量的48.91%。

乔木林的林龄组根据优势树种(组)的平均年龄确定,划分为幼龄林、中龄林、近熟林、成熟林和过熟林。鸡公山自然保护区各林龄组面积、蓄积所占比例见图7-2(各林龄组统计面积不包括灌木林面积)。

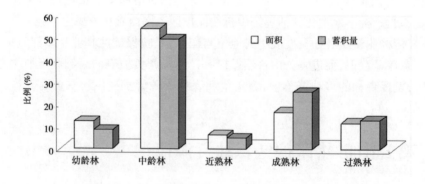

图7-2 鸡公山自然保护区森林各林龄组面积、蓄积量比例

7.2.4 起源结构

按照森林起源的不同,将森林划分为天然林和人工林。鸡公山自然保护区不同起源森林的面积、蓄积量所占比例见图7-3。

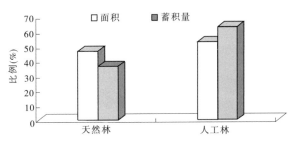

图7-3　鸡公山自然保护区不同起源森林的面积、蓄积量所占比例

7.3　鸡公山自然保护区森林生态系统连续观测与清查体系

河南鸡公山国家级自然保护区森林生态系统服务功能评估基于河南鸡公山自然保护区森林生态系统连续观测与清查体系,是指以生态地理区划为单位,依托河南鸡公山森林生态系统国家定位观测研究站及其周边台站,采用长期连续定位观测技术和分布式测算方法,定期对河南鸡公山森林生态系统服务进行全指标体系连续观测与清查,并与鸡公山自然保护区森林资源清查成果及林地资源变更调查结果数据相耦合,评估一定时期和范围内的河南鸡公山自然保护区森林生态系统服务功能,以便了解保护区森林生态服务功能的动态变化。

7.3.1　数据来源

河南鸡公山自然保护区森林生态系统服务功能评估分物质量和价值量两部分。物质量评估所需数据来源于河南鸡公山森林生态系统国家定位观测研究站的森林生态系统连续观测与清查数据集及保护区森林资源清查和林地资源变更调查数据。价值量评估所需数据除以上两个来源外,还包括社会公共数据集,其主要来源于我国权威机构所公布的社会公共数据。

主要数据来源包括以下3个部分(见图7-4)。

7.3.1.1　鸡公山自然保护区森林生态系统连续观测与清查数据集

包括河南鸡公山森林生态系统定位观测研究站及周边类似区域观测台站,依据国家相关标准规范开展长期定位监测,获得的观测研究数据集。

7.3.1.2　鸡公山自然保护区森林资源数据集

来源于鸡公山自然保护区森林资源清查数据成果及年度林地资源变更调查数据。

7.3.1.3　社会公共数据集

来源于我国权威部门公布的社会公共数据。包括《中国水利年鉴》、《水利部水利建筑工程预算定额》、中国化肥网(http://www.fert.cn)、中国农资网(http://www.ampcn.com)、卫生部网站(http://www.nhfpc.gov.cn)、国家发改委等四部委2003年第31号令《排污费征收标准及计算方法》以及河南省发改委官网(http://www.hndrc.gov.cn)等相关部门统计公告(见表7-1)。

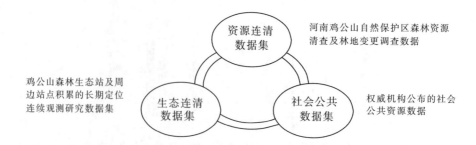

资源连清数据集	林分面积、林分蓄积年增长量、林分采伐消耗量

生态连清数据集	年降水量、林分蒸散量、非林区降水量、无林地蒸发散、森林土壤侵蚀模数、无林地土壤侵蚀模数、土壤容重、土壤含氮量、土壤有机质含量、土层厚度、土壤含钾量泥沙容重、生物多样性指数、蓄积量/生物量、吸收二氧化硫能力、吸收氟化物能力、吸收氮氧化物能力、滞尘能力、木材密度

社会公共数据集	水库库容造价、水质净化费用、挖取单位面积土方费用、磷酸二铵含氮量、磷酸二铵含磷量、氯化钾含钾量、磷酸二铵化肥价格、氯化钾化肥价格、有机质价格、固碳价格、制造氧气价格、负氧离子产生费用、二氧化硫治理费用、氟化物治理费用、氮氧化物治理费用、降尘清理费用、生物多样性保护价值

图 7-4　数据来源

将上述三类数据源集成耦合,应用于一系列的评估核算公式中,最终得到鸡公山自然保护区森林生态系统服务功能评估结果。

表 7-1　鸡公山自然保护区森林生态系统服务评估社会公共数据表(2019 年推荐使用价格)

编号	名称	单位	出处值	2019 年价格	来源及依据
1	水库建设单位库容投资	元/t	6.32	7.83	中华人民共和国审计署,2013 年第 23 号公告:长江三峡工程竣工财务决算草案审计结果,三峡工程动态总投资合计 2 485.37 亿元;水库正常蓄水位高程 175 m,总库容 393 亿 m³。贴现至 2019 年
2	水的净化费用	元/t	3.0	3.0	采用 2019 年信阳市城镇居民家庭生活用水价格 3.00 元/t

续表 7-1

编号	名称	单位	出处值	2019 年价格	来源及依据
3	挖取单位面积土方费用	元/m³	35.85	37.98	根据 2002 年黄河水利出版社出版的《中华人民共和国水利部水利建筑工程预算定额》（上册）中人工挖土方Ⅰ类和Ⅱ类土类每 100 m³ 需 42 个工日，人工费依据河南省水利厅、河南省发改委豫水建(2017)1 号文件《河南省水利水电工程概预算定额及设计概(估)算编制规定》按 85.36 元/工日，贴现至 2019 年
4	磷酸二铵含氮量	%	14.00		化肥产品说明
5	磷酸二铵含磷量	%	15.01		
6	氯化钾含钾量	%	50.00		
7	磷酸二铵化肥价格	元/t	3 300.00	3 300.00	根据中国化肥网 (http://www.fert.cn) 2019 年部分企业磷酸二铵和氯化钾化肥出厂平均价格，磷酸二铵化肥取 3 300 元/t；氯化钾化肥取 2 800 元/t；有机质价格根据中国农资网(www.ampcn.com) 2019 年部分企业有机肥出厂平均价格，取 1 000 元/t
8	氯化钾化肥价格	元/t	2 800.00	2 800.00	
9	有机质价格	元/t	1 000.00	1 000.00	
10	固碳价格	元/t	855.40	1 059.40	采用 2013 年瑞典碳税价格：136 美元/t 二氧化碳，人民币对美元汇率按照 2013 年平均汇率 6.289 7 计算，贴现至 2019 年
11	制造氧气价格	元/t	1 000	1 563.19	采用国家卫生部网站 (https://www.nhfpc.gov.cn) 2007 年春季氧气平均价格，贴现至 2019 年
12	负离子生产费用	元/(10¹⁸个)	8.19	8.19	根据企业生产的适用范围 30 m²（房间高 3 m）、功率为 6 W、负离子浓度 1 000 000 个/m³、使用寿命为 10 年、每个价格 65 元的 KLD-2000 型负离子发生器而推断获得，其中负离子寿命为 10 min；根据河南省发展和改革委员会官方网站(www.hndrc.gov.cn) 电网销售电价，居民生活用电现行价格为 0.56 元/kWh
13	二氧化硫治理费用	元/kg	0.63	0.95	采用国家发展和改革委员会等四部委 2003 年第 31 号令《排污费征收标准及计算方法》中有关规定，废气排污费收费标准及计算办法为每一污染当量征收 0.60 元。其中二氧化硫污染当量值为 0.95 kg，氟化物污染当量值为 0.87 kg，氮氧化物污染当量值为 0.95 kg，一般性粉尘污染当量值为 4 kg。贴现至 2019 年
14	氟化物治理费用	元/kg	0.69	1.03	
15	氮氧化物治理费用	元/kg	0.63	0.95	
16	降尘清理费用	元/kg	0.15	0.22	

7.3.2 森林生态功能修正系数

在野外数据观测中,技术人员仅能够得到观测站点附近的实测生态数据。而对于无法实地观测到的数据,则需要采用一种方法对已经获得的参数进行修正,因此引入了森林生态功能修正系数(Forest Ecological Function Correction Coefficient,简称 FEF-CC)。FEFC-CC 指评估林分生物量和实测林分生物量的比值,它反映了森林生态服务评估区域森林的生态质量状况,还可以通过森林生态功能的变化修正森林生态服务的变化。

森林生态系统服务价值的合理测算对绿色国民经济核算具有重要意义,社会进步程度、经济发展水平、森林资源质量等对森林生态系统服务均会产生一定影响,而森林自身结构和功能状况则是体现森林生态系统服务可持续发展的基本前提。"修正"作为一种状态,表明系统各要素之间具有相对"融洽"的关系。当用现有的野外实测值不能代表同一生态单元同一目标优势树种(组)的结构或功能时,就需要采用森林生态功能修正系数客观地从生态学精度的角度反映同一优势树种(组)在同一区域的真实差异。其理论公式为:

$$FEF\text{-}CC = \frac{B_e}{B_o} = \frac{BEF \cdot V}{B_0} \tag{7-1}$$

式中　$FEF\text{-}CC$——森林生态功能修正系数;

B_e——评估林分的单位面积生物量,kg/m^3;

B_o——实测林分的单位面积生物量,kg/m^3;

BEF——蓄积量与生物量的转换因子;

V——评估林分蓄积量,m^3。

实测林分的生物量可以通过森林生态连清的实测手段来获取,而评估林分的生物量在鸡公山自然保护区森林资源清查中还没有完全统计。因此,通过评估林分蓄积量和生物量转换因子(BEF),测算评估林分的生物量。

7.3.3 贴现率

鸡公山自然保护区森林生态服务全指标体系连续观测与清查体系价值量评估中,由物质量转换成价值量时,部分价格参数并非评估年份价格参数。因此,在计算各项服务功能价值量时,需要使用贴现率将非评估年份价格参数换算为评估年份价格参数。

鸡公山自然保护区森林生态系统服务全指标要素连续观测与清查体系价值量评估中所使用的贴现率指将未来现金收益折合成现在收益的比率,贴现率是一种存贷款均衡利率,利率的大小,主要根据金融市场利率来决定,其计算公式为:

$$t = (D_r + L_r)/2 \tag{7-2}$$

式中　t——存贷款均衡利率(%);

D_r——银行的平均存款利率(%);

L_r——银行的平均贷款利率(%)。

贴现率利用存贷款均衡利率,将非评估年份价格参数,逐年贴现至评估年份的价格参数。贴现率的计算公式为:

$$d = (1 + t_{n+1})(1 + t_{n+2})\cdots(1 + t_m) \tag{7-3}$$

式中　d——贴现率;

　　　t——存贷款均衡利率(%);

　　　n——价格参数可获得年份,年;

　　　m——评估年份,年。

7.3.4　评估指标体系

森林生态系统服务体现于生态系统和生态过程所形成的有利于人类生存与发展的生态环境条件和效应。真实地反映森林生态系统服务效果,建立科学的评估指标体系尤为重要。

7.3.4.1　评估指标选取原则

在吸收借鉴国内外研究成果及实践经验的基础上,参照相关标准规范,提出建立森林生态系统价值评估指标体系的原则。

(1)代表性原则。选择的指标应具有普遍代表性,最能反映服务功能的本质特征。

(2)全面性原则。森林生态系统服务功能是一个自然－社会－生态要素组成的庞大、复合系统,因此所选取的指标应尽可能地反映服务功能各个方面的特征,以达到全面正确评估森林生态系统价值的目的。

(3)简明性原则。指标选取以能说明问题为目的,选择针对性强的指标,指标繁多反而容易顾此失彼,重点不突出。因此,评估指标应尽可能控制在适度范围内,评估方法尽可能简洁明了。

(4)可操作性原则。指标的定量化数据应易于获得和更新,尽可能地选择仪器设备可以监测的指标。虽然有些指标对森林生态系统价值评估有非常强的表征作用,但由于数据缺失或不全,或者无法监测,就无法进行计算并纳入核算框架体系。因此,指标的选择必须实用可行,具有较强的可操作性,易于在实践中应用和推广。

(5)适应性原则。选择的指标应具有广泛的空间适用性,易于推广应用。对不同尺度的评估而言,都能运用所选择的指标对本区域的森林生态系统服务功能做出客观的评估。

7.3.4.2　监测评估指标体系

依据相关标准规范,结合本地森林生态系统特点和观测研究工作基础,构建鸡公山自然保护区森林生态系统服务功能评估指标体系。本次评估共选取 7 类功能 19 个指标(见图 7-5)。森林生态系统降噪、吸附 PM_{10} 和 $PM_{2.5}$、吸收重金属等功能,由于这几个指标的测算方法尚不够成熟,本次评估未涉及这些指标功能的评估。

7.3.5　分布式测算方法

分布式测算源于计算机科学,是研究如何把一项整体复杂的问题分割成相对独立的运算单元,并将这些单元分配给多个计算机进行处理,最后将计算结果综合起来,统一合并得出结论的一种科学计算方法(Hagit Attiya,2008)。

森林生态系统服务功能的测算是一项非常庞大、复杂的系统工程,很适合划分成若干个均质化的生态测算单元开展评估(Niu et al,2013)。分布式测算方法是目前森林生态系统服务功能评估最科学有效的方法。

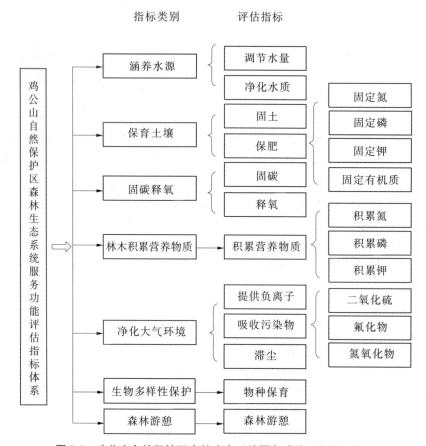

图 7-5 鸡公山自然保护区森林生态系统服务功能评估指标体系

基于分布式评估的河南鸡公山自然保护区森林生态系统服务功能的测算方法为:首先将鸡公山自然保护区按优势树种(组)划分为栎类、马尾松等 8 个一级测算单元;再将每个一级测算单元按林分起源划分为 2 个二级测算单元;最后将每个二级测算单元按林龄组划分为 5 个三级测算单元,再结合不同立地条件的对比观测,最终确定近百个相对均质化的生态系统服务功能评估单元(见图 7-6)。

7.3.6 核算公式和模型包

7.3.6.1 涵养水源功能

森林涵养水源功能主要是指森林对降水的截留、吸收和储存,将地表水转化为地表径流或地下水的作用。其功能主要表现在增加可利用水资源、调节径流和净化水质三个方面。本研究选用调节水量和净化水质两个指标,反映森林的涵养水源功能。

1.调节水量指标

1)年调节水量

森林生态系统年调节水量公式为:

$$G_{调} = 10A \cdot (P - E - C) \cdot F \tag{7-4}$$

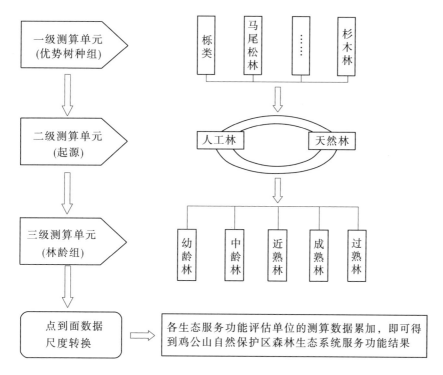

图7-6　鸡公山自然保护区森林生态系统服务分布式测算方法

式中　$G_{调}$——实测林分年调节水量,m^3/a;

P——实测林外降水量,mm/a;

E——实测林分蒸散量,mm/a;

C——实测地表径流量,mm/a;

A——林分面积,hm^2;

F——森林生态功能修正系数。

2) 年调节水量价值

森林生态系统年调节水量价值根据水库工程的蓄水成本(替代工程法)来确定,采用下式计算:

$$U_{调} = 10 C_{库} \cdot A \cdot (P - E - C) \cdot F \cdot d \tag{7-5}$$

式中　$U_{调}$——实测林分年调节水量价值,元/a;

$C_{库}$——水库库容造价,元/m^3;

P——实测林外降水量,mm/a;

E——实测林分蒸散量,mm/a;

C——实测地表径流量,mm/a;

A——林分面积,hm^2;

F——森林生态功能修正系数;

d——贴现率。

2.净化水质指标

1)年净化水量

森林生态系统年净化水量采用年调节水量的公式计算。

$$G_净 = G_调 = 10A \cdot (P - E - C) \cdot F \tag{7-6}$$

式中　$G_净$——实测林分年净化水量,m^3/a;

　　　$G_调$——实测林分年调节水量,m^3/a;

　　　P——实测林外降水量,mm/a;

　　　E——实测林分蒸散量,mm/a;

　　　C——实测地表径流量,mm/a;

　　　A——林分面积,hm^2;

　　　F——森林生态功能修正系数。

2)年净化水质价值

森林生态系统年净化水质价值根据净化水质工程的成本(替代工程法)计算,公式为:

$$U_{水质} = 10K_水 \cdot A \cdot (P - E - C) \cdot F \cdot d \tag{7-7}$$

式中　$U_{水质}$——实测林分年净化水质价值,元/a;

　　　$K_水$——水的净化费用,元/t;

　　　P——实测林外降水量,mm/a;

　　　E——实测林分蒸散量,mm/a;

　　　C——实测地表径流量,mm/a;

　　　A——林分面积,hm^2;

　　　F——森林生态功能修正系数;

　　　d——贴现率。

7.3.6.2　保育土壤功能

森林凭借庞大的树冠、深厚的枯枝落叶层及强壮且成网络的根系截留大气降水,减少或免遭雨滴对土壤表层的冲击,有效地固持土体,降低了地表径流对土壤的冲蚀,使土壤流失量大大降低。而且森林的生长发育及其代谢产物不断对土壤产生物理及化学影响,参与土体内部的能量转换与物质循环,使土壤肥力提高,因此森林是土壤养分的主要来源之一。本研究选用固土和保肥两个指标来反映森林保育土壤功能。

1.固土指标

1)年固土量

林分年固土量计算公式为:

$$G_{固土} = A \cdot (X_2 - X_1) \cdot F \tag{7-8}$$

式中　$G_{固土}$——林分年固土量,t/a;

　　　X_1——有林地土壤侵蚀模数,$t/(hm^2 \cdot a)$;

　　　X_2——无林地土壤侵蚀模数,$t/(hm^2 \cdot a)$;

　　　A——林分面积,hm^2;

　　　F——森林生态功能修正系数。

2）年固土价值

由于土壤侵蚀流失的泥沙淤积于水库中，减少了水库蓄积水的体积，因此本研究根据蓄水成本（替代工程法）计算林分年固土价值，公式为：

$$U_{固土} = A \cdot C_{土} \cdot (X_2 - X_1) \cdot F \cdot d / \rho \tag{7-9}$$

式中　$U_{固土}$——林分年固土价值，元/a；

　　　X_1——有林地土壤侵蚀模数，t/（hm² · a）；

　　　X_2——无林地土壤侵蚀模数，t/（hm² · a）；

　　　$C_{土}$——挖取和运输单位体积土方所需费用，元/m³；

　　　ρ——林地土壤容重，g/cm³；

　　　A——林分面积，hm²；

　　　F——森林生态功能修正系数；

　　　d——贴现率。

2. 保肥指标

1）年保肥量

林分年保肥量计算公式为：

$$G_N = A \cdot N \cdot (X_2 - X_1) \cdot F \tag{7-10}$$
$$G_P = A \cdot P \cdot (X_2 - X_1) \cdot F \tag{7-11}$$
$$G_K = A \cdot K \cdot (X_2 - X_1) \cdot F \tag{7-12}$$
$$G_{有机质} = A \cdot M \cdot (X_2 - X_1) \cdot F \tag{7-13}$$

式中　G_N——森林固持土壤而减少的氮流失量，t/a；

　　　G_P——森林固持土壤而减少的磷流失量，t/a；

　　　G_K——森林固持土壤而减少的钾流失量，t/a；

　　　X_1——有林地土壤侵蚀模数，t/（hm² · a）；

　　　X_2——无林地土壤侵蚀模数，t/（hm² · a）；

　　　N——林地土壤平均含氮量（%）；

　　　P——林地土壤平均含磷量（%）；

　　　K——林地土壤平均含钾量（%）；

　　　A——林分面积，hm²；

　　　F——森林生态功能修正系数。

2）年保肥价值

年固土量中 N、P、K 的数量换算成化肥的价值即为林分年保肥价值。本研究中的林分年保肥价值以年固土量中 N、P、K 的数量折合成磷酸二铵化肥和氯化钾化肥的价值来体现，计算公式为：

$$U_{肥} = A \cdot (X_2 - X_1) \cdot (\frac{N \cdot C_1}{R_1} + \frac{P \cdot C_1}{R_2} + \frac{K \cdot C_2}{R_3} + M \cdot C_3) \cdot F \cdot d \tag{7-14}$$

式中　$U_{肥}$——实测林分年保肥价值，元/a；

　　　X_1——有林地土壤侵蚀模数，t/（hm² · a）；

X_2——无林地土壤侵蚀模数,t/(hm² · a);

N——林地土壤平均含氮量(%);

P——林地土壤平均含磷量(%);

K——林地土壤平均含钾量(%);

M——森林土壤平均有机质含量(%);

R_1——磷酸二铵化肥含氮量(%);

R_2——磷酸二铵化肥含磷量(%);

R_3——氯化钾化肥含钾量(%);

C_1——磷酸二铵化肥价格,元/t;

C_2——氯化钾化肥价格,元/t;

C_3——有机质价格,元/t;

A——林分面积,hm²;

F——森林生态功能修正系数;

d——贴现率。

7.3.6.3 固碳释氧功能

森林与大气的物质交换主要是 CO_2 和 O_2 的交换,即森林固持并减少大气中的 CO_2 和释放并增加大气中的 O_2,这对维持大气中 CO_2 和 O_2 的动态平衡、减少温室效应以及为人类提供生存的基础都有巨大和不可替代的作用。为此,本研究选用固碳和释氧两个指标反映森林固碳释氧功能。根据光合作用化学方程式,森林植被每积累 1.0 g 干物质,可以吸收 1.63 g CO_2,同时释放 1.19 g O_2。

1. 固碳指标

1)植被和土壤年固碳量

植被和土壤年固碳量计算公式为:

$$G_碳 = A \cdot (1.63R_碳 \cdot B_年 + F_{土壤碳}) \cdot F \tag{7-15}$$

式中　$G_碳$——实测林分年固碳量,t/a;

$B_年$——实测林分净生产力,t/(hm² · a);

$F_{土壤碳}$——单位面积林分土壤年固碳量,t/(hm² · a);

$R_碳$——CO_2中碳的含量,为 27.27%;

A——林分面积,hm²;

F——森林生态功能修正系数。

式(7-5)得出森林的潜在年固碳量,再从其中减去由于森林采伐造成的生物量移出从而损失的碳量,即为森林的实际年固碳量。

2)年固碳价值

林分植被和土壤年固碳价值的计算公式为:

$$U_碳 = A \cdot C_碳 \cdot (1.63R_碳 \cdot B_年 + F_{土壤碳}) \cdot F \cdot d \tag{7-16}$$

式中　$U_碳$——实测林分年固碳价值,元/a;

$B_年$——实测林分净生产力,t/(hm² · a);

$F_{土壤碳}$——单位面积森林土壤年固碳量,t/(hm²·a);

$C_碳$——固碳价格,元/t;

$R_碳$——CO₂中碳的含量,为27.27%;

A——林分面积,hm²;

F——森林生态功能修正系数;

d——贴现率。

式(7-16)得出森林的潜在年固碳价值,再从其中减去由于森林年采伐消耗量造成的碳损失价值,即为森林的实际年固碳价值。

2.释氧指标

1)年释氧量

年释氧量的计算公式为:

$$G_氧 = 1.19A·B_年·F \tag{7-17}$$

式中　$G_氧$——实测林分年释氧量,t/a;

$B_年$——实测林分净生产力,t/(hm²·a);

A——林分面积,hm²;

F——森林生态功能修正系数。

2)年释氧价值

年释氧价值的计算公式为:

$$U_氧 = 1.19C_氧AB_年·F·d \tag{7-18}$$

式中　$U_氧$——实测林分年释氧价值,元/a;

$B_年$——实测林分净生产力,t/(hm²·a);

$C_氧$——制造氧气的价格,元/t;

A——林分面积,hm²;

F——森林生态功能修正系数;

d——贴现率。

7.3.6.4　积累营养物质功能

森林在生长过程中不断从周围环境吸收营养物质,固定在植物体中,成为全球生物化学循环不可缺少的环节,为此选用林木营养积累指标反映森林积累营养物质功能。

1.林木年营养积累量

$$G_氮 = A·N_{营养}·B·F \tag{7-19}$$
$$G_磷 = A·P_{营养}·B·F \tag{7-20}$$
$$G_钾 = A·K_{营养}·B·F \tag{7-21}$$

式中　$G_氮$——林木固氮量,t/a;

$G_磷$——林木固磷量,t/a;

$G_钾$——林木固钾量,t/a;

$N_{营养}$——林木氮元素含量(%);

$P_{营养}$——林木磷元素含量(%);

$K_{营养}$——林木钾元素含量(%);

B——实测林分年净生产力,t/(hm²·a);

A——林分面积,hm²;

F——森林生态功能修正系数。

2.林木年营养积累价值

采用把营养物质折合成磷酸二铵化肥和氯化钾化肥的方法计算林木年营养积累价值,公式为:

$$U_{营养} = A \cdot B \cdot \left(\frac{N_{营养} \cdot C_1}{R_1} + \frac{P_{营养} \cdot C_1}{R_2} + \frac{K_{营养} \cdot C_2}{R_3} \right) \cdot F \cdot d \qquad (7\text{-}22)$$

式中 $U_{营养}$——实测林分积累氮、磷、钾年增加价值,元/a;

$N_{营养}$——实测林木含氮量(%);

$P_{营养}$——实测林木含磷量(%);

$K_{营养}$——实测林木含钾量(%);

R_1——磷酸二铵化肥含氮量(%);

R_2——磷酸二铵化肥含磷量(%);

R_3——氯化钾化肥含钾量(%);

C_1——磷酸二铵化肥价格,元/t;

C_2——氯化钾化肥价格,元/t;

B——实测林分年净生产力,t/(hm²·a);

A——林分面积,hm²;

F——森林生态功能修正系数;

d——贴现率。

7.3.6.5 净化大气环境功能

大气中的有害物质主要包括二氧化硫、氟化物、氮氧化物等有害气体和粉尘,这些有害气体在空气中的过量积聚会导致人体呼吸系统疾病、中毒、形成光化学雾和酸雨,损害人体健康与环境。森林能有效吸收这些有害气体并阻滞粉尘,同时能释放氧气与负离子,从而起到净化大气的作用。为此,本研究选取提供负离子、吸收污染物和滞尘3个指标反映森林净化大气功能。由于降低噪声、吸收重金属和吸滞大气颗粒物(PM_{10}、$PM_{2.5}$等)等指标评估计算方法尚不成熟,所以本评估不涉及降低噪声、吸收重金属和吸滞大气颗粒物等指标。

1.提供负离子指标

1)年提供负离子量

$$G_{负离子} = 5.256 \times 10^{15} \cdot Q_{负离子} \cdot A \cdot H \cdot F/L \qquad (7\text{-}23)$$

式中 $G_{负离子}$——实测林分年提供负离子个数,个/a;

$Q_{负离子}$——实测林分负离子浓度,个/cm³;

H——林分高度,m;

L——负离子寿命,min;

A——林分面积,hm²;

F——森林生态功能修正系数。

2）年提供负离子价值

国内外研究表明，当空气中负离子浓度达到 600 个/cm³ 以上时，才有益于人体健康，所以林分年提供负离子价值采用如下公式计算：

$$U_{负离子} = 5.256 \times 10^{15} \cdot A \cdot H \cdot K_{负离子}(Q_{负离子} - 600) \cdot F \cdot d/L \quad (7\text{-}24)$$

式中　$U_{负离子}$——实测林分年提供负离子价值，元/a；

　　　$K_{负离子}$——负离子生产费用，元/个；

　　　$Q_{负离子}$——实测林分负离子浓度，个/cm³；

　　　H——林分高度，m；

　　　L——负离子寿命，min；

　　　A——林分面积，hm²；

　　　F——森林生态功能修正系数；

　　　d——贴现率。

2. 吸收污染物指标

二氧化硫、氟化物和氮氧化物是引起大气污染的主要物质，为此本研究选取森林吸收二氧化硫、氟化物和氮氧化物 3 个指标，采用面积 – 吸收能力法评估森林吸收污染物的总量和价值。

1）吸收二氧化硫

林分年吸收二氧化硫量的计算公式为：

$$G_{二氧化硫} = Q_{二氧化硫} \cdot A \cdot F \quad (7\text{-}25)$$

式中　$G_{二氧化硫}$——实测林分年吸收二氧化硫量，kg/a；

　　　$Q_{二氧化硫}$——单位面积实测林分年吸收二氧化硫量，kg/(hm² · a)；

　　　A——林分面积，hm²；

　　　F——森林生态功能修正系数。

林分年吸收二氧化硫价值计算公式为：

$$U_{二氧化硫} = K_{二氧化硫} \cdot Q_{二氧化硫} \cdot A \cdot F \cdot d \quad (7\text{-}26)$$

式中　$U_{二氧化硫}$——实测林分年吸收二氧化硫价值，元/a；

　　　$K_{二氧化硫}$——二氧化硫的治理费用，元/kg；

　　　$Q_{二氧化硫}$——单位面积实测林分年吸收二氧化硫量，kg/(hm² · a)；

　　　A——林分面积，hm²；

　　　F——森林生态功能修正系数；

　　　d——贴现率。

2）吸收氟化物

林分年吸收氟化物量的计算公式为：

$$G_{氟化物} = Q_{氟化物} \cdot A \cdot F \quad (7\text{-}27)$$

式中　$G_{氟化物}$——实测林分年吸收氟化物量，kg/a；

　　　$Q_{氟化物}$——单位面积实测林分年吸收氟化物量，kg/(hm² · a)；

A——林分面积,hm^2;

F——森林生态功能修正系数。

林分年吸收氟化物价值的计算公式为:

$$U_{氟化物} = K_{氟化物} \cdot Q_{氟化物} \cdot A \cdot F \cdot d \tag{7-28}$$

式中 $U_{氟化物}$——实测林分年吸收氟化物价值,元/a;

$K_{氟化物}$——氟化物治理费用,元/kg;

$Q_{氟化物}$——单位面积实测林分年吸收氟化物量,$kg/(hm^2 \cdot a)$;

A——林分面积,hm^2;

F——森林生态功能修正系数;

d——贴现率。

3)吸收氮氧化物

林分年吸收氮氧化物量的计算公式为:

$$G_{氮氧化物} = Q_{氮氧化物} \cdot A \cdot F \tag{7-29}$$

式中 $G_{氮氧化物}$——实测林分年吸收氮氧化物量,kg/a;

$Q_{氮氧化物}$——单位面积实测林分年吸收氮氧化物量,$kg/(hm^2 \cdot a)$;

A——林分面积,hm^2;

F——森林生态功能修正系数。

林分年吸收氮氧化物价值计算公式为:

$$U_{氮氧化物} = K_{氮氧化物} \cdot Q_{氮氧化物} \cdot A \cdot F \cdot d \tag{7-30}$$

式中 $U_{氮氧化物}$——实测林分年吸收氮氧化物价值,元/a;

$K_{氮氧化物}$——氮氧化物治理费用,元/kg;

$Q_{氮氧化物}$——单位面积实测林分年吸收氮氧化物量,$kg/(hm^2 \cdot a)$;

A——林分面积,hm^2;

F——森林生态功能修正系数;

d——贴现率。

3. 滞尘指标

森林有阻滞、过滤和吸附粉尘的作用,可提高空气质量,因此滞尘功能是森林生态系统重要的服务功能之一。

1)年滞尘量

林分年滞尘量的计算公式为:

$$G_{滞尘} = Q_{滞尘} \cdot A \cdot F \tag{7-31}$$

式中 $G_{滞尘}$——实测林分年滞尘量,kg/a;

$Q_{滞尘}$——单位面积实测林分年滞尘量,$kg/(hm^2 \cdot a)$;

A——林分面积,hm^2;

F——森林生态功能修正系数。

2)年滞尘价值

林分年滞尘价值的计算公式为:

$$U_{滞尘} = K_{滞尘} \cdot Q_{滞尘} \cdot A \cdot F \cdot d \tag{7-32}$$

式中　$U_{滞尘}$——实测林分年滞尘价值,元/a;

$K_{滞尘}$——降尘清理费用,元/kg;

$Q_{滞尘}$——单位面积实测林分年滞尘量,kg/(hm^2·a);

A——林分面积,hm^2;

F——森林生态功能修正系数;

d——贴现率。

7.3.6.6　生物多样性保护价值

生物多样性维护了自然界的生态平衡,并为人类的生存环境提供了基本条件。本研究选用物种保育指标反映森林的生物多样性保育功能。森林生态系统的物种保育价值采用引入物种濒危系数的 Shannon-Wiener 多样性指数法计算:

$$U_{总} = \left(1 + \sum_{i=1}^{n} E_i \times 0.1\right) \cdot S_{单} \cdot A \cdot d \tag{7-33}$$

式中　$U_{总}$——实测林分年物种保育价值,元/a;

E_i——实测林分(或区域)内物种 i 的濒危分值;

n——物种数量;

$S_{单}$——单位面积年物种损失的机会成本,元/(hm^2·a);

A——林分面积,hm^2;

d——贴现率。

本研究根据 Shannon-Wiener 指数计算生物多样性保护价值,共划分为 7 级:

当指数 <1 时,$S_{单}$ 为 3 000 元/(hm^2·a);

当 1≤指数 <2 时,$S_{单}$ 为 5 000 元/(hm^2·a);

当 2≤指数 <3 时,$S_{单}$ 为 10 000 元/(hm^2·a);

当 3≤指数 <4 时,$S_{单}$ 为 20 000 元/(hm^2·a);

当 4≤指数 <5 时,$S_{单}$ 为 30 000 元/(hm^2·a);

当 5≤指数 <6 时,$S_{单}$ 为 40 000 元/(hm^2·a);

当指数 ≥6 时,$S_{单}$ 为 50 000 元/(hm^2·a)。

7.3.6.7　森林游憩价值

森林游憩是指森林生态系统为人类提供休闲和娱乐场所所产生的价值,包括直接价值和间接价值,采用林业旅游与休闲产值替代法进行核算。根据信阳市鸡公山管理区管理委员会信鸡办文〔2019〕5 号文件《鸡公山管理区 2019 年政府工作报告》,2018 年,全区各景区景点共接待游客约 160 万人次,景区主营业务收入超过 1 亿元。鸡公山自然保护区森林游憩价值按 1 亿元进行核算。

7.3.6.8　鸡公山自然保护区森林生态系统服务功能总价值量

鸡公山自然保护区森林生态系统服务功能总价值为上述 19 分项价值量之和,公式为:

$$U = \sum_{i=1}^{19} U_i \tag{7-34}$$

式中　U——鸡公山自然保护区森林生态系统服务功能年总价值量,元/a;

U_i——鸡公山自然保护区森林生态系统服务功能各分项年价值量,元/a。

7.4 鸡公山自然保护区森林生态系统服务功能物质量评估

7.4.1 鸡公山自然保护区森林生态系统服务功能总物质量

通过评估得出鸡公山自然保护区森林生态系统涵养水源、保育土壤、固碳释氧、林木积累营养物质和净化大气环境等5类功能16个分项的物质量。

评估结果表明,2019年鸡公山自然保护区森林生态系统调节水量为$1.1 \times 10^7 m^3$;固土量为$8.71 \times 10^4 t$;保肥量为5.00×10^3万t,其中减少土壤中N素损失101.9 t,减少土壤中P素损失56.3 t,减少土壤中K素损失$1.49 \times 10^3 t$,减少土壤中有机质损失$3.36 \times 10^3 t$;固碳量为$1.26 \times 10^4 t$(相当于固定大气中的二氧化碳$4.62 \times 10^4 t$),其中植被固碳$1.08 \times 10^4 t$,土壤固碳$1.79 \times 10^3 t$;释氧量为$2.89 \times 10^4 t$;林木积累N量为71.1 t,积累P量为26.7 t,积累K量为86.8t;吸收SO_2量为407.2 t,吸收氟化物量为7.94 t,吸收氮氧化物量为16.91 t,滞尘量为$5.71 \times 10^4 t$,提供负氧离子3.23×10^{22}个(见表7-2)。

表7-2 鸡公山自然保护区森林生态系统服务功能总物质量

功能类别	指标	物质量
涵养水源	调节水量	$1.1 \times 10^7 m^3/a$
保育土壤	固土	$8.71 \times 10^4 t/a$
	减少N损失	101.9 t/a
	减少P损失	56.3 t/a
	减少K损失	$1.49 \times 10^3 t/a$
	减少有机质损失	$3.36 \times 10^3 t/a$
固碳释氧	固碳	$1.26 \times 10^4 t/a$
	释放氧气	$2.89 \times 10^4 t/a$
积累营养物质	林木积累N素	71.1 t/a
	林木积累P素	26.7 t/a
	林木积累K素	86.8 t/a
净化大气环境	吸收二氧化硫	407.2 t/a
	吸收氟化物	7.94 t/a
	吸收氮氧化物	16.91 t/a
	滞尘	$5.71 \times 10^4 t/a$
	提供负离子	3.23×10^{22}个/a

7.4.2 不同优势树种(组)生态系统服务功能物质量

根据河南鸡公山自然保护区森林资源清查成果,将鸡公山自然保护区的林分类型划分为8个优势树种(组)。不同优势树种(组)的生态服务功能物质量见表7-3。

表7-3 鸡公山自然保护区不同优势树种（组）生态服务功能物质量

优势树种（组）	调节水量（万 m³）	保育土壤					固碳释氧		积累营养物质			提供负离子（×10²⁰个）	净化大气环境			
		固土（万 t）	固氮（t）	固磷（t）	固钾（t）	固有机质（t）	固碳（万 t）	释氧（t）	氮（t）	磷（t）	钾（t）		吸收二氧化硫（t）	吸收氟化物（t）	吸收氮氧化物（t）	滞尘量（万 t）
栎类	231.25	1.70	23.42	9.27	393.10	582.69	25.513	5 937	12.64	1.31	12.99	78.22	49.97	2.62	3.38	0.57
马尾松	194.59	1.36	9.51	11.55	182.87	260.85	22.054	5 189	16.57	2.18	9.42	39.86	97.32	0.23	2.71	1.50
经济林	9.55	0.12	1.97	1.29	12.33	39.39	0.783	148	0.32	0.03	0.32	1.35	2.96	0.05	0.12	0.04
杉木	158.41	1.66	13.74	5.30	202.97	1 155.56	33.078	7 790	19.77	4.45	18.79	48.60	118.66	0.28	3.30	1.83
其他硬阔类	318.09	2.33	31.72	20.29	292.95	800.70	22.651	4 835	10.29	1.07	10.58	107.60	68.74	3.61	4.65	0.78
针阔混交林	163.61	1.20	17.00	7.47	331.27	412.20	15.998	3 653	8.60	17.37	31.70	41.67	60.46	1.03	2.38	0.86
竹林	25.17	0.30	4.00	0.43	50.72	93.71	5.441	1 298	2.76	0.29	2.84	5.67	7.60	0.13	0.30	0.11
灌木	2.33	0.05	0.57	0.73	19.21	14.17	0.429	84	0.18	0.02	0.18	0.41	1.48	0.01	0.06	0.02
合计	1 103.01	8.71	101.93	56.32	1 485.41	3 359.28	125.95	28 935	71.12	26.73	86.82	323.38	407.20	7.94	16.90	5.71

7.4.2.1 涵养水源功能

森林生态系统是截持降水的天然水库,具有强大的蓄水功能。森林生态系统通过其复杂的立体结构对降水进行再分配,延缓径流产生的时间,降低降水对土壤的侵蚀,从而起到涵养水源、调节水资源时空分配不均的作用,在一定程度上保证了社会的水资源安全。随着森林类型和降水量的变化,森林生态系统截持降水、涵养水源的功能也存在着较大差异。

不同优势树种(组)涵养水源量为 2.33 万 ~ 318.09 万 m^3/a,其中其他硬阔类最大,栎类其次,马尾松再次,经济林和灌木林最小(见图 7-7)。

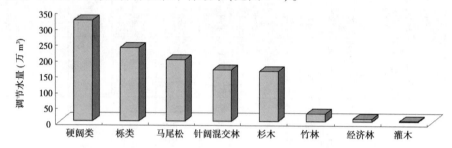

图 7-7　鸡公山自然保护区不同优势树种(组)年调节水量

7.4.2.2 保育土壤功能

土壤侵蚀与水土流失长期以来一直是社会关注的重要生态环境。一方面,水土流失导致表层土壤随地表径流流失,径流挟带的泥沙会淤积阻塞江河湖塘,抬高河床,增加洪涝隐患。另一方面,裸露的地表土壤侵蚀容易造成肥沃的表层土壤流失,使土壤的理化性质发生相应的退化,导致土壤肥力和生产力的降低。伴随着土壤侵蚀,大量的土壤养分随之被带走,进入湿地或水库,容易造成水体富营养化。同时,由于土壤侵蚀造成的土壤贫瘠化,会促使农业生产加大肥料使用量,继而带来严重的面源污染。森林生态系统凭借庞大的树冠、深厚的枯枝落叶层、强大的根系系统截留大气降水,减少了雨滴对土壤表层的直接冲击,有效地固持了土体,降低了地表径流对土壤的冲蚀,使表层土壤流失量大大降低。同时森林的生长发育及其代谢产物参与土体内部的能量转换与物质循环,影响着土壤的理化性质,提高了土壤肥力。森林生态系统的保育土壤功能对于保障地方和区域生态安全具有十分重要的意义。

不同优势树种(组)固土量为 0.05 万 ~ 2.33 万 t/a,其中其他硬阔类最大,栎类其次,杉木再次,经济林和灌木林最小(见图 7-8)。

保肥功能中,减少土壤中 N 损失量为 0.6 ~ 31.7 t/a,其中其他硬阔类最大,栎类其次,针阔混交林再次,经济林和灌木林最小(见图 7-9);减少土壤中 P 损失量为 0.4 ~ 20.3 t/a,其中其他硬阔类最大,马尾松其次,栎类再次,灌木林和竹林最小(见图 7-10);减少土壤中 K 损失量为 12.3 ~ 393.1 t/a,其中栎类最大,针阔混交林其次,其他硬阔类再次,灌木林和经济林最小(见图 7-11);减少土壤中有机质损失量为 14.2 ~ 1 155.6 t/a,其中杉木最大,其他硬阔类其次,栎类再次,经济林和灌木林最小(见图 7-12)。

7.4.2.3 固碳释氧功能

森林作为陆地生态系统最大的碳库,保持着全球陆地植被碳库的 86% 和土壤碳库的

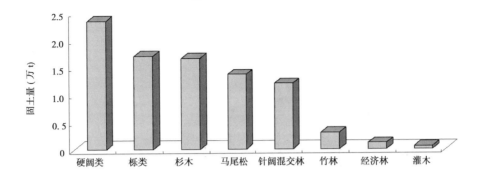

图 7-8 鸡公山自然保护区不同优势树种(组)年固土量

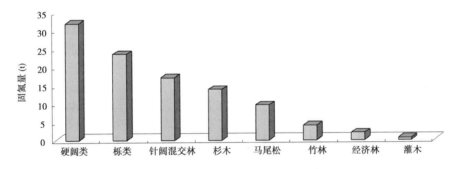

图 7-9 鸡公山自然保护区不同优势树种(组)年固氮量

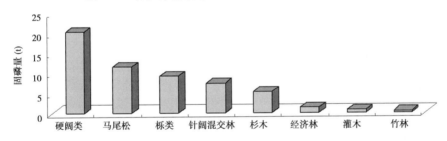

图 7-10 鸡公山自然保护区不同优势树种(组)年固磷量

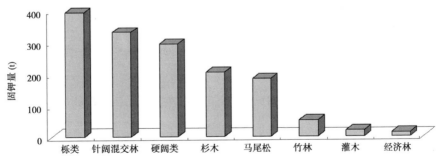

图 7-11 鸡公山自然保护区不同优势树种(组)年固钾量

73%(Post et al,1982)。森林通过植物的光合作用过程吸收二氧化碳,并蓄积在植物体内,发挥着减缓大气中二氧化碳浓度升高的作用。与其他土地利用方式相比,森林生态系

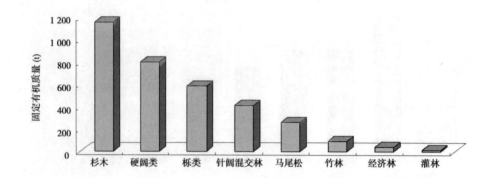

图 7-12　鸡公山自然保护区不同优势树种(组)年固定有机质量

统在单位土地面积内可以储存更多的有机碳。因此,提高森林的碳汇功能是调节全球碳平衡、减缓温室气体浓度上升以及维持全球气候稳定的有效途径(高一飞,2016)。

不同优势树种(组)固碳量为43 ~ 3 308 t/a,其中杉木最大,栎类其次,其他硬阔类再次,经济林和灌木林最小(见图7-13)。

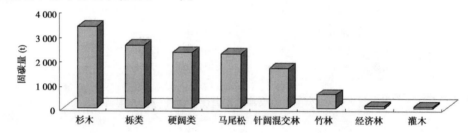

图 7-13　鸡公山自然保护区不同优势树种(组)年固碳量

不同优势树种(组)释氧量为84 ~ 7 790 t/a,其中杉木最大,栎类其次,马尾松再次,经济林和灌木林最小(见图7-14)。

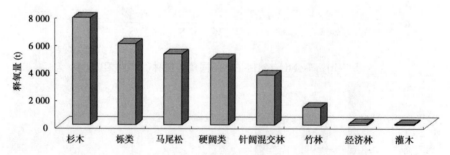

图 7-14　鸡公山自然保护区不同优势树种(组)年释氧量

7.4.2.4　积累营养物质功能

森林植被在生长过程中不断从周围环境吸收营养物质,固持在植物体内,成为全球生物化学循环不可或缺的重要环节。林木通过积累营养物质,可以在一定程度上减少因为水土流失而带来的自身生态系统养分损失,维持着自身生态系统的养分平衡,在其生命周期内,固定在体内的营养元素再次进入生物地球化学循环,降低了水体污染的可能性,为人类社会提供着生态服务功能。

林木积累氮量为 0.2~19.8 t/a,其中杉木最大,马尾松其次,栎类再次,经济林和灌木林最小(见图 7-15)。

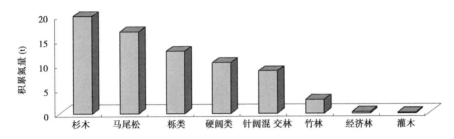

图 7-15　鸡公山自然保护区不同优势树种(组)年林木积累氮量

林木积累磷量为 0.02~17.4 t/a,其中针阔混交林最大,杉木其次,马尾松再次,经济林和灌木林最小(见图 7-16)。

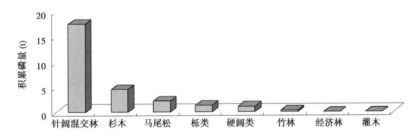

图 7-16　鸡公山自然保护区不同优势树种(组)年林木积累磷量

林木积累钾量为 0.2~31.7 t/a,其中针阔混交林最大,杉木其次,栎类再次,经济林和灌木林最小(见图 7-17)。

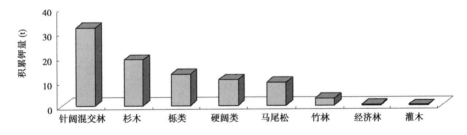

图 7-17　鸡公山自然保护区不同优势树种(组)年林木积累钾量

7.4.2.5　净化大气环境功能

空气负离子被誉为"空气中的维生素和生长素",具有很强的杀菌、降尘、清洁空气的作用,对人体健康十分有益。世界卫生组织(WHO)规定,环境空气中负离子浓度 400 个/cm^3 以上时可满足人们的基本需要,达到 1 000 个/cm^3 以上时被视为清新的环境。医学研究表明,当空气中负离子浓度达到 600 个/cm^3 以上时,对人体具有一定的保健功效,能够改善睡眠、抗氧化、抗衰老(李琳,2017)。随着森林生态旅游的兴起及全社会休闲保健意识的增强,空气负离子作为一种重要的森林旅游资源,越来越受到人们的重视。

不同优势树种(组)提供负离子量为(0.41~107.6)×10^{20}个/a,其中其他硬阔类最大,栎类其次,杉木再次,经济林和灌木林最小(见图 7-18)。

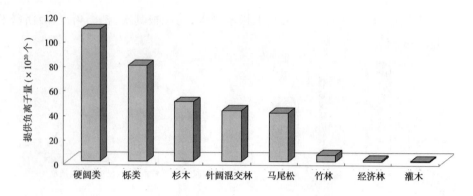

图 7-18　鸡公山自然保护区不同优势树种(组)年提供负离子量

森林能够通过树木叶片、皮孔等吸收大气中的有害物质,储存在体内,并能在体内分解部分有害物质,转化为无害物质后加以利用,从而发挥着吸收大气污染物,降低大气中有害物质浓度的作用。

吸收污染物功能中,吸收二氧化硫量为 1.48 ~ 118.66 t/a,其中杉木最大,马尾松其次,其他硬阔类再次,经济林和灌木林最小(见图 7-19);吸收氟化物量为 0.01 ~ 3.61 t/a,其中其他硬阔类最大,栎类其次,针阔混交林再次,经济林和灌木林最小(见图 7-20);吸收氮氧化物量为 0.06 ~ 4.65 t/a,其中其他硬阔类最大,栎类其次,杉木再次,经济林和灌木林最小(见图 7-21)。

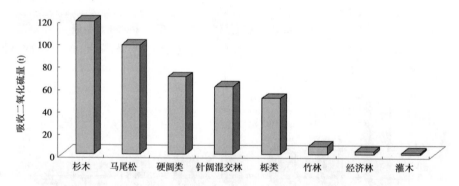

图 7-19　鸡公山自然保护区不同优势树种(组)年吸收二氧化硫量

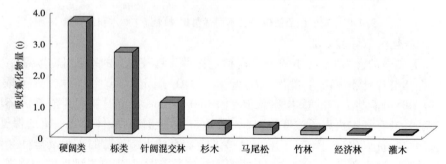

图 7-20　鸡公山自然保护区不同优势树种(组)年吸收氟化物量

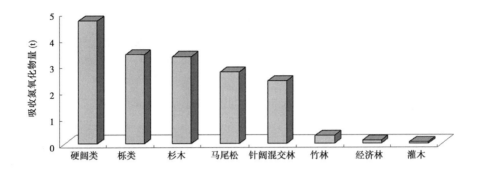

图 7-21　鸡公山自然保护区不同优势树种(组)年吸收氮氧化物量

　　森林的滞尘作用主要表现在：一方面森林通过茂密的冠层结构,可以起到降低风速的作用,随着风速的降低,空气中携带的大量空气颗粒物会加速沉降;另一方面,由于植物的蒸腾作用,树冠周围和森林表面保持着较大湿度,使空气颗粒物较容易被降落吸附;同时,树体吸附灰尘之后,经过降水的淋洗作用,使得植物重新恢复了滞尘能力,污染空气经过森林反复洗涤过程后,变成更清洁的空气(阿丽亚·拜都热拉,2015)。树木的叶面积指数很大,森林叶面积的总和往往能达到其占地面积的数十倍,从而使得森林生态系统具有较强的吸附滞纳颗粒物的能力。森林植被滞尘能力随植被类型、地域、面积以及环境因子不同而存在着明显差异。鸡公山自然保护区较高的森林植被覆盖率对维护当地良好的环境空气质量、提高区域内森林旅游资源质量发挥了重要作用。

　　不同优势树种(组)滞尘量为 0.02 万～1.83 万 t/a,其中杉木最大,马尾松其次,针阔混交林再次,经济林和灌木林最小(见图 7-22)。

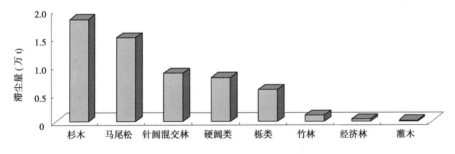

图 7-22　鸡公山自然保护区不同优势树种(组)年滞尘量

7.4.3　鸡公山自然保护区森林生态服务物质量的影响因素

7.4.3.1　森林面积对森林生态服务功能的影响

　　不同优势树种(组)生态服务物质量的大小与其面积呈紧密的正相关关系。从各项森林服务功能的评估公式中可以直观地看出,森林面积是影响生态服务功能大小的最直接影响因子。面积较大的优势树种组,各项服务功能物质量也较大。

7.4.3.2　林龄结构对森林生态服务功能的影响

　　林龄结构与森林生态服务功能有着紧密的关系。森林生态服务功能是伴随着林木生长过程中产生的,林木的高生长会对生态系统服务带来正面的影响(宋庆丰等,2015)。

林木的生长速度反映在净初级生产力上,影响净初级生产力的因素包括林分、气候、土壤和地形等因子,它们对净初级生产力的贡献率不同,其中林分是影响净初级生产力的最主要因子,贡献率占比达56.7%。林分因子中,林龄对净初级生产力的影响较大,中龄林和近熟林有绝对的优势(Fang et al,2001;樊兰英,2017)。林分蓄积随着林龄的增加而增加,随着时间的推移,中龄林逐渐向成熟林的方向发展,从而使林分蓄积量得以提高(Nishizono et al,2010)。

林分年龄与其单位面积水源涵养效益呈正相关关系,随着林分年龄的不断增长,这种效益的增长速度逐渐变缓(Zhang,2010)。森林生态系统从地上林冠层到地下根系层均对水土流失有着直接或间接的作用,只有森林对地面的覆盖达到一定程度时,才能起到有效防止土壤侵蚀的作用。随着植被的不断生长,根系对土壤的固持作用增强,进而增加了土壤抗侵蚀能力(Wainwright et al,2010;Gilley et al,2010)。但森林生态系统的保育土壤功能不可能随着林木的持续生长和林分蓄积量的不断增加而持续增长。土壤养分随着地表径流的流失与乔木层及其根、冠生物量呈现幂函数变化曲线,其转折点处于中龄林和近熟林之间。这主要是由于森林生产力存在最大值现象,达到一定年龄,其会随着林龄的增大而降低(Song et al,2003;杨凤萍,2013)。年蓄积生产量/蓄积量与年净初级生产力存在函数关系,随着年蓄积生产量/蓄积量的增加,生产力逐渐降低(Bellassen et al,2011)。

7.4.3.3　林分起源对森林生态服务功能的影响

天然林是生物圈中功能最完备的动植物群落,其结构复杂,功能完备,系统稳定性强。人工林在群落结构和物种多样性上与天然林相比存在着巨大差异,天然林的群落结构层次比人工林复杂,物种多样性丰富度更高。人工林往往集约化程度较高,林分结构良好,生长速度相对较快。但从长远来看,天然林的生产力和生态功能高于人工林,这一方面是由于天然林具有复杂的树种组成和层次结构,另一方面是因为天然林中树种的基因型丰富,对环境和竞争具有不同的响应(Petty,2010)。

7.4.3.4　森林质量对森林生态服务功能的影响

由于蓄积量与生物量之间存在着高度相关关系,蓄积量在某种程度上代表着森林质量。谢高地(2003)的研究表明,生物量的高生长也会带动其他森林生态系统服务功能项的增强。生态系统单位面积生态服务功能的大小与该生态系统的生物量密切相关,一般而言,生物量越大,生态系统功能越强(Fang et al,2001)。王兵等(2019)的研究印证了随着森林蓄积量的增长,森林生态系统涵养水源功能增强的结论,主要表现在林冠截留、枯落物蓄水、土壤层蓄水和土壤入渗等方面功能的增强。但随着林分蓄积量的增长,林冠结构、枯落物厚度和土壤结构将达到逐渐稳定的状态,此时的涵养水源功能处于相对稳定的最高值。森林生态系统涵养水源功能较强时,其固土能力也必然较高,固土功能与林分蓄积也存在较大的相关性。丁增发(2005)的研究表明,植被根系的固土能力与林分生物量呈正相关,森林冠层能有效降低降水对土壤表层的冲刷。陈文惠(2011)、谢婉君(2013)对生态公益林的研究显示,森林质量影响水土保持效益各项因子的权重分配,其中林分蓄积量的权重值最高。林分蓄积量的增加可视为生物量的增加(植被固碳量的增加)。另外,土壤固碳量也是影响森林生态系统固碳量的主要因素,陆地生态系统碳库的70%以上被封存在土壤中。在特定的生物、气候带中,随着地上植被的生长,土壤碳库及碳形态将逐渐达到稳定状态(Post et al,1982)。随着林龄的增长,蓄积量的增加,森林植被单位面积固碳能力逐步提升(You et al,2013)。

7.4.3.5　林种结构组成对森林生态服务功能的影响

林种结构组成在一定程度上反映了所在区域林业规划中所承担的林业建设任务。当某一区域分布着大面积的防护林时,说明该区域林业建设侧重的是森林防护功能。当某一特定区域由于地形、地貌等原因,容易发生水土流失时,那么该区域营建的防护林体系一定是水土保持林,主要起到固持水土的功能。当某一特定区域位于大江大河的源头,或者重要水库的水源地时,那么构建的防护林一定是水源涵养林,主要起着水源涵养和调洪蓄洪的功能。

7.4.3.6　气象因子对森林生态服务功能的影响

气温和降水是影响林木生长最主要的气象因子,因为水热条件是限制林分生产力的主要因素(Nikolev,2011)。在温度和湿度均较低时,土壤呼吸速率会减慢(Wang et al,2016)。水热条件通过影响林木的生长,进而影响森林生态系统的服务功能。在一定温度范围内,温度越高,林木生长越快,其生态系统服务功能也越强。这是因为随着温度升高,植物的蒸腾速率加快,体内就会积累更多的养分,进而增加生物量的积累。在水分充足的条件下,植物蒸腾速率伴随着温度的升高而加快,此时植物的叶片气孔处于完全打开的状态,会促进植物的呼吸作用,并为植物的光合作用提供充足的二氧化碳(Smith et al,2013)。温度通过控制叶片中淀粉的降解和运转以及糖分与蛋白质之间的转化,进而起到控制叶片光合速率的作用(Ali et al,2015;Calzadilla et al,2016)。

降水量是影响森林生产力的主要因子之一。降水量与森林生态系统服务呈正相关关系。一方面,降水量作为参数被用于森林涵养水源功能的计算,与森林涵养水源生态效益呈正相关;另一方面,降水量会影响到森林生物量的积累,进而影响到森林固碳释氧功能(牛香,2012)。同时,降水量还影响着森林的滞尘功能,因为较大的降水量意味着一定时间段内雨水对植被叶片的冲洗次数增加,由此增强了森林的滞尘功能。

7.5　鸡公山自然保护区森林生态系统服务功能价值量评估

7.5.1　鸡公山自然保护区森林生态系统服务功能总价值量

鸡公山自然保护区森林生态系统服务功能总价值量为前述各分项价值量之和。根据前述评估指标体系及其计算方法,得出2019年鸡公山自然保护区森林生态系统服务功能总价值量为3.45亿元(见表7-4)。单位面积森林提供的价值平均为11.90万元/(hm²·a)。

森林涵养水源价值采用森林调节水量价值和净化水质价值之和来体现。评估结果表明,2019年鸡公山自然保护区森林生态系统调节水量的价值为8 636.56万元/a;净化水质的价值为3 309.03万元/a。综合森林调节水量及净化水质两项价值,得到鸡公山自然保护区森林涵养水源价值为11 945.59万元/a。

表7-4　鸡公山自然保护区森林生态系统服务功能总价值量

功能类别	指标	价值量(万元/a)
涵养水源	调节水量	8 636.56
	净化水质	3 309.03
保育土壤	固土	280.75
	减少 N 损失	240.26
	减少 P 损失	123.83
	减少 K 损失	831.83
	减少有机质损失	335.93
固碳释氧	固碳	1 334.30
	释放氧气	4 523.01
积累营养物质	林木积累 N 素	167.64
	林木积累 P 素	58.76
	林木积累 K 素	48.62
净化大气环境	吸收二氧化硫	38.68
	吸收氟化物	0.82
	吸收氮氧化物	1.61
	滞尘	1 256.27
	提供负离子	10.9
生物多样性保护	物种保育	3 279.38
森林游憩	森林游憩	10 000

保育土壤功能中,固土价值为 280.75 万元/a。森林保肥价值采用侵蚀土壤中的主要营养元素 N、P、K 和有机质质量折合成磷酸二铵、氯化钾肥料和有机质的价值来体现。鸡公山自然保护区森林减少土壤中 N 素损失价值为 240.26 万元/a,减少土壤中 P 素损失价值为 123.83 万元/a,减少土壤中 K 素损失价值为 831.83 万元/a,减少土壤中有机质损失价值为 335.93 万元/a,保肥价值合计为 1 531.85 万元/a。综合森林固土与保肥两项价值,得到鸡公山自然保护区森林生态系统保育土壤价值为 1 812.60 万元/a。

固碳释氧功能中,固碳价值为 1 334.30 万元/a,其中植被固碳价值为 1 145.00 万元/a,土壤固碳价值为 189.30 万元/a;释氧价值为 4 523.01 万元/a。综合森林固碳与释氧两项价值,得到鸡公山自然保护区森林固碳释氧价值为 5 857.31 万元/a。

森林可从土壤或空气中吸收大量的营养物质(N、P、K)。本评估通过将其折合成磷酸二铵和氯化钾化肥来计算森林营养物质积累价值量。林木积累营养物质价值量采用林木积累 N、P、K 三项价值量之和来体现。评估结果表明,2019 年鸡公山自然保护区森林生态系统积累 N 素价值量为 167.64 万元/a,积累 P 素价值量为 58.76 万元/a,积累 K 素价值量为48.62万元/a。综合以上三项,得到鸡公山自然保护区林木积累营养物质价值量为275.02万元/a。

净化大气环境价值量采用森林提供负氧离子、吸收污染物(二氧化硫、氟化物和氮氧化物)和滞尘3项价值量之和来体现。评估结果表明,鸡公山自然保护区森林吸收SO_2的价值为38.68万元/a,吸收氟化物的价值为0.82万元/a,吸收氮氧化物的价值为1.61万元/a,滞尘价值为1256.27万元/a,提供负氧离子的价值为10.9万元/a。综合以上各项,得到鸡公山自然保护区森林净化大气环境的价值为1308.28万元/a。

森林保护生物多样性价值采用森林保育物种指标来反映。评估结果表明,鸡公山自然保护区森林生物多样性保护价值量为3279.38万元/a。

森林游憩价值,采用林业旅游与休闲产值替代法进行核算。根据信阳市鸡公山管理区管理委员会信鸡办文〔2019〕5号文件《鸡公山管理区2019年政府工作报告》,2018年,全区各景区景点共接待游客约160万人次,景区主营业务收入超过1亿元。本评估中,鸡公山自然保护区森林游憩价值按1亿元进行核算。

7.5.2 鸡公山自然保护区森林生态系统服务功能价值分析

7.5.2.1 鸡公山自然保护区森林生态系统服务总价值构成

综合鸡公山自然保护区森林生态系统涵养水源、保育土壤、固碳释氧、积累营养物质、净化大气环境、生物多样性保护和森林游憩7项服务功能,得到2019年鸡公山自然保护区森林生态系统服务功能总价值为3.45亿元/a。其中,涵养水源价值量最大,为1.19亿元/a,占34.65%;其次为森林游憩,价值量为1.00亿元/a,占29.00%;固碳释氧再次,价值量为0.59亿元/a,占16.99%;积累营养物质价值量最小,为275.02万元/a,占0.80%。各项生态服务功能价值量排序为:涵养水源>森林游憩>固碳释氧>生物多样性保护>保育土壤>净化大气环境>积累营养物质(见图7-23)。

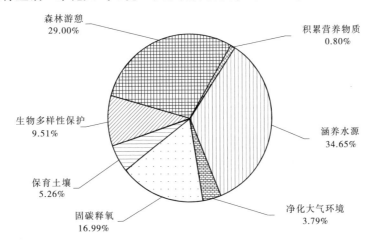

图7-23 鸡公山自然保护区森林生态服务价值量构成

涵养水源价值量排在本次评估价值量的第一位,这得益于鸡公山自然保护区内森林植被具有良好的复层结构和封育保护措施,使得保护区内森林起到了显著的涵养水源和调蓄洪水功能。

森林游憩价值量排在各项评估价值量的第二位,这得益于保护区内丰富的自然景观资源和人文景观资源。保护区地处北亚热带向暖温带过渡地带,区内动植物资源十分丰富,形成了多姿多彩的具有独特观赏价值的过渡带森林景观和优越的森林生态环境。加上区域内奇峰怪石、幽谷清溪、飞瀑流泉、云海雾凇等景观,自然旅游景观资源十分丰富。鸡公山同时具有异常丰富的人文旅游景观资源。山上有清末民初不同国别和风格的建筑群,有"万国建筑博物馆"之美誉,是中国历史上第一个公共租界,东西方文化交融,红绿文化相映,是中西文化交流碰撞最为耀眼的区域之一,且具有典型的民国气象,兼具很高的历史价值、科研价值和美学价值。自然资源和人文资源相互融合、交相辉映。

生物多样性保护价值量较高。这是由于鸡公山自然保护区处于我国北亚热带的常绿针阔叶和落叶阔叶林向暖温带的落叶阔叶林过渡地带,区域内动植物资源十分丰富。该区域是华东、华中、华北、西南植物区系的交会地,各种成分兼容并存,林内植物资源丰富,种类繁多。该区域共有植物 259 科 903 属 2 061 种及变种,其中大型真菌 42 科 103 属 278 种;苔藓与蕨类植物 56 科 109 属 180 种;裸子植物 9 科 28 属 87 种;被子植物 152 科 663 属 1 426 种。分布的植物占河南省植物总科数的 89%、总属数的 61%、总种数的 41%,可见该区植物种的饱和度较大,物种丰富。从中国特有种的地理分布表明,与华中地区共有 472 种,含 23 个华中特有种;与华东地区共有 397 种,含 17 个华东特有种;与西南地区共有 301 种;与华北地区共有 225 种,含华北特有种 9 种。此外,该区还是南北植物分布的天然界线之一,以此为北界的植物有 55 属 107 种,以此为南界的植物有 8 属 21 种。鸡公山自然保护区丰富的植物物种资源,使得保护区具有较高的生物多样性保护价值量。

7.5.2.2 不同优势树种(组)生态服务价值构成

从不同优势树种(组)涵养水源、保育土壤、固碳释氧、积累营养物质、净化大气环境和生物多样性保护 6 项服务功能所提供的生态价值量分析,硬阔类提供的生态价值量最大(6 650.34 万元);其次是杉木(4 640.11 万元);栎类再次(4 569.69 万元);灌木林最小(0.71 万元)。2019 年鸡公山自然保护区不同优势树种(组)在涵养水源、保育土壤、固碳释氧、营养物质积累、净化大气环境和生物多样性保护 6 项服务功能所提供的生态效益总价值排序为:其他硬阔类 > 杉木 > 栎类 > 马尾松 > 针阔混交林 > 竹林 > 经济林 > 灌木林(见图 7-24)。

从不同优势树种(组)涵养水源、保育土壤、固碳释氧、积累营养物质、净化大气环境和生物多样性保护 6 项服务功能单位面积所提供的生态价值量分析,马尾松林提供的生态价值最大(9.32 万元/hm²),其次是针阔混交林(8.82 万元/hm²),其他硬阔类再次(8.58 万元/hm²),灌木林最小(3.65 万元/hm²)。2019 年鸡公山自然保护区不同优势树种(组)涵养水源、保育土壤、固碳释氧、积累营养物质、净化大气环境和生物多样性保护 6 项服务功能单位面积所提供的生态价值量大小排序为:马尾松 > 针阔混交林 > 其他硬阔类 > 杉木 > 栎类 > 竹林 > 经济林 > 灌木林(见图 7-25)。

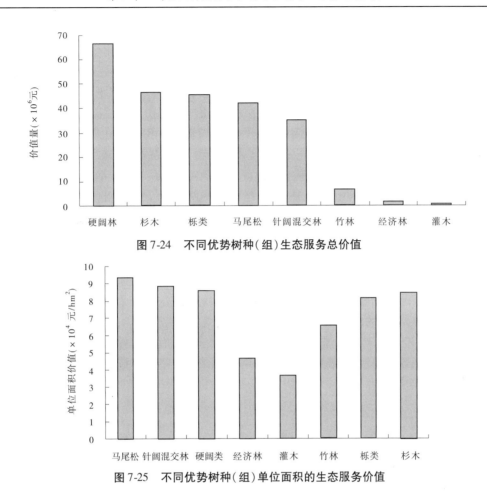

图 7-24 不同优势树种(组)生态服务总价值

图 7-25 不同优势树种(组)单位面积的生态服务价值

7.6 鸡公山自然保护区森林生态系统服务功能评估结果的应用与展望

森林是陆地生态系统的主体,是人类进化的摇篮。森林在生物界和非生物界的物质交换和能量流动中扮演着主要角色,对保持陆地生态系统的整体功能、维护地球生态平衡、促进经济与生态协调发展发挥着重要而不可替代作用。森林不仅为人类提供木材、食品等直接产品,还能为人类提供森林观光、休闲娱乐和文化传承的场所,同时具有涵养水源、固碳释氧、保持水土、调节气候、清洁空气等独特功能。对森林生态系统效益进行客观、动态、科学的评估,进而体现林业在经济社会可持续发展中的战略地位与作用,反映林业生态建设成就,服务宏观决策,成为当前一项重要而又紧迫的任务。

党中央、国务院历来高度重视林业工作,始终把林业发展和林业重点生态工程建设摆在重要战略位置。党的"十八大"把生态文明纳入社会主义现代化建设"五位一体"总体布局,生态文明建设被提高到前所未有的突出地位。党的"十九大",习近平总书记强调,中国特色社会主义进入新时代,我国社会主要矛盾已经转化为人民日益增长的美好生活需要和不平衡不充分发展之间的矛盾。我国稳定解决了十几亿人口的温饱问题,2020 年将全面建成小康社会,人民美好生活需要日益广泛,不仅对物质文化生活提出了更高要求,而且对民主法制、公平正义、生态环境等方面的要求日益提高。我国社会生产力总体水平显著提高,社会产品极大丰富,当前更加突出的问题是发展的不平衡不充分,这已经成为满足人民日益增长的美好生活需要的主要制约因素。我国社会主要矛盾的变化是关系全局的历史性变化,对党和国家工作提出了许多新要求。我们要在继续推动发展的基础上,着力解决好发展的不平衡不充分问题,大力提升发展的质量和效益,更好地满足人民在经济、政治、文化、社会和生态等方面日益增长的需求,更好地推动人的全面发展、社会全面进步。生态环境的良性循环是实现社会经济可持续发展的基础条件。习近平总书记指出,"生态兴则文明兴、生态衰则文明衰",河南林业建设要准确把握生态建设新常态,用监测数据来证明"绿水青山就是金山银山",真正实现森林生态系统服务的"三增长"。为了把绿色发展理念落到实处,"十八大"以来,党中央、国务院以及有关部门陆续出台了生态保护红线制度、党政领导干部任期生态环境损害责任追究办法、领导干部自然资源资产离任审计试点等政策,标志着林业生态环境保护进入了政策规范、管理严格、责任倒查的新阶段,林业的功能定位被提高到了前所未有的新高度。

新时代、新机遇下,鸡公山自然保护区要抓住机遇,助力河南在生态文明建设中造就更优发展环境,要进一步加快森林资源培育,增加森林资源总量,提高森林资源质量,改善林种树种结构,增强森林生态系统功能,确保森林资源持续、快速健康发展。

7.6.1 加强森林资源的培育和管护

通过加强对森林资源的培育和管护,提高森林生态系统服务功能。评估结果表明,鸡公山自然保护区森林生态系统服务功能价值较高,为当地生态文明建设提供了较高的生态系统服务。但部分林分质量不高、单位森林面积服务功能不强的问题依旧制约着鸡公山自然保护区森林生态系统服务功能的充分发挥。针对具体林分服务功能的发挥,有目的地培育和管理森林,将是该地区林业工作的主要方向。要确立以生态建设为主的林业可持续发展理念,通过管护好现有森林资源,增加森林资源面积、提高森林资源质量等途径,实现森林生态系统服务功能的"三增长"。

要加快森林资源培育步伐。大力培育森林资源,不断增加森林资源数量,是加强生态建设、维护生态安全,建设生态文明社会的重要基础,也是实现鸡公山自然保护区可持续发展最根本、最有效的途径。以森林生态系统健康和可持续经营为手段,在增加森林总量的同时,努力提高森林资源质量,加快建立和培育高质量的森林生态系统,满足社会日益增长的生态产品需求。这就要求当地林业管理部门通过苗木补植、移植等手段,提高林地覆盖率,有效增加森林资源后备储量;加大森林经营投入,大力组织开展森林抚育和低质低效林改造,改变部分林分树种单一、生态功能低下、林地生产力不高的状况,提高林地单位面积蓄积和服务功能;引进科学的管理方法和理念,实行全过程的森林质量管理,逐步实现森林资源管护的科学化、规范化。

7.6.2　增加森林生态系统的生物多样性

尽管鸡公山自然保护区生物多样性保护功能价值量较高,但该地区的生物多样性保护工作依然有需要加强之处。增加森林的生物多样性保护效益,就必须对该区域森林进行科学的抚育管理,提高森林的面积和质量,营造良好的生境,最终为区域内动植物提供可持续发展的空间。首先,要充分利用森林的自我更新能力,加强保护区内森林资源的封育管理,减少干扰,恢复森林植被,增加森林面积,提高森林质量。其次,应加强对部分中幼龄林的抚育。通过采取科学合理的森林抚育措施,达到优化森林结构,促进林木生长,提高森林质量、林地生产力和综合效益,形成稳定、健康、类型多样的森林群落结构的目标。再次要科学、动态地量化评估森林生态系统的生物多样性保护价值,引导人们重视生物多样性保护,重视森林的多种功能和自我调节能力,实现人与自然的和谐共生。

充分发挥科技在生物多样性保护中的作用。当前,科学技术特别是高新技术的发展给林业工作带来了新的机遇和挑战,世界各国正在不断将高新技术成果应用于林业生产和实践,如"3S"技术等在森林资源管理中的应用。加强森林病虫害防治科研力度,切实抓好森林病虫害的监测、预报和防治。建立健全外来有害物种预防体系,防止有害生物入侵和危险病虫害的异地传播。加强森林重大病虫害防治、森林资源与生态监测、森林火灾防控等。同时落实好国家对林业的优惠政策,继续加大对保护区建设的投资力度。以技术为先导,以资金投入为后盾,切实做好当地森林的管护,维护好区域内的生物多样性。

7.6.3　充分挖掘森林游憩服务功能价值潜力

鸡公山是大别山的支脉,主峰鸡公头又名报晓峰,像一只引颈高啼的雄鸡,因名之鸡公山。主峰海拔 814 m,山势奇伟,泉清林翠,云海霞光,风景秀丽。鸡公山层峦叠嶂,沟壑纵横,山间夏季清畅凉爽,午前如春,午后如秋,夜如初冬,与庐山、莫干山、北戴河并称为我国四大避暑胜地而闻名中外,是新中国第一批对外开放的全国八大景区之一,第一批列入全国 44 个国家级重点风景名胜区之一,现为国家 4A 级风景名胜区。山上有清末民初不同国别和风格的建筑群,有"万国建筑博物馆"之美称,是中国历史上第一个公共租界。

鸡公山地处中原南部豫楚要冲,是中国南北方的分水岭,北望中原,南控江汉,雄踞"义阳三关"(武胜关、平靖关和九里关)之间,历来为兵家必争之地,区内森林茂密、群落类型多样,生物资源丰富,有国家重点保护动植物大鲵、长尾雉、香果树等,是国内部分农林、师范、医药类高校的教学和科研基地。"佛光、云海、雾凇、雨凇、霞光、异国花草、奇峰怪石、瀑布流泉"被称为鸡公山八大自然景观。由于鸡公山独特的地理位置和四季宜人的气候,素有"青分豫楚、气压嵩衡"之美誉。基于自然和历史的原因,使得鸡公山的旅游资源异常丰富,挖掘鸡公山森林游憩服务价值的潜力巨大。

今后,鸡公山生态旅游产业应在已有的景观资源基础上有计划地科学开发,合理布局,为人们提供一个科考科普、休闲养生、游览观光的场所,满足人们亲近自然的需求,提高人们热爱自然、保护自然的自觉性,探索人与自然的和谐发展,构建生态文明的生态旅游发展模式,并遵循以下开发原则:

一是坚持保护第一、可持续发展的原则。必须在保护好生态环境的前提下,开展适当的、合理的、有限度的生态游,实现旅游经济发展与生态保护相统一的可持续发展。

二是因地制宜、科学规划的原则。落实好科学发展观,以生态学为指导,在分析气候、土壤、植被现状和景观资源的基础上,结合地形地貌特征,因地制宜、科学规划、合理开发。

三是利用好生态环境资源,充分发挥森林景观优势。森林生态环境是重要的旅游资源,是鸡公山开展休闲度假游的核心资源,要充分研究并加以利用,使之转化为森林旅游资源和产业优势。

四是坚持以自然景观为主,人文景观与自然景观协调一致的原则。开发自然景观的同时,注重挖掘景区文化内涵,使二者相协调统一,优势互补。生态游线路设计时,注重改变单一的观光游模式,统筹协调全面发展。

7.6.4　加强人工林的可持续发展培育

与天然林分相比较,人工林的单位面积生态服务功能和价值相对较低。通过对人工林的科学培育管理,可有效提升该区域人工林的生态系统服务功能。增加人工林的生态服务功能,首先,要实现人工林的可持续经营,通过采取人工更新造林、人工促进天然更新等措施,增加和恢复森林植被,提高人工林的生物多样性,改善林分树种结构。其次,要充分利用自然力营建人工林。在有天然更新的地方营造人工林时,要充分利用自然力恢复森林,如造林时可采取适当措施充分保留造林地上的树木,通过合理配置树种、抚育管理,形成树种混交的林分,增加物种种类和数量。再次,科学发展林下植被。发展林下植被不仅可以增加人工林的生物多样性,改善人工林的群落结构,而且有利于维持林地的长期生产力。林下植被可以稳定土壤、防止土壤侵蚀,作为养分库减少淋洗,促进林地的养分循环、固持氮素,有益于土壤生物区系的多样性等。最后,要合理地配置景观。按照适地适树和维持景观多样性原则,保留一些现有林,配置多树种造林,以增加生态系统及生物多样性。这种景观配置有利于林分外部环境的改善、抑制或防止病虫害的扩散蔓延、维持地力,从而提高人工林分的稳定性。

7.6.5　加强森林在清新空气、治污减霾中的作用

森林治污减霾功能是指森林生态系统通过吸附、吸收、固定、转化等物理和生理生化过程,实现对 $PM_{2.5}$ 等空气颗粒物、SO_2 等气体污染物的消减作用,同时产生空气负离子、吸收 CO_2 并释放 O_2,从而改善区域环境质量。而森林治污减霾功能的实现主要是由于森林植被的存在使得地表粗糙度增加,并通过降低风速进而提高空气颗粒物的沉降概率;其次森林植被的叶片表面结构特征及理化性质也为颗粒物的附着提供了较为有利的条件(牛香,2017)。要充分利用鸡公山森林集中连片、面积大、植被覆盖率高的优势,在清洁空气、治污减霾功能上发挥更大的作用,维护好当地良好的生态环境质量。

参 考 文 献

［1］Adams J M, Faure H Faure-Denaro L, et al. Increases interrestrial carbon storage from the last glacial maximum to the present［J］. Nature, 1990,348:711-714.

［2］Alexander S, Schneider S, Lagerquist K. Ecosystem services: interaction of climate and life［C］// Daily G, ed. Nature Services: Societal Dependence on Natural Ecosystems. Washington: Island Press,1997: 71-92.

［3］Alexeyev V,Birdsey R,Stakanov V,et al. Carbon in vegetation of Russian forests: Methods to estimate storage and geographical distribution［J］. Water, Air, and soil Pollution, 1995, 82(1/2): 271-282.

［4］Ali A A, Xu C, Rogers A, et al. Global-scale environmental control of plant photosynthetic capacity［J］. Ecological Applications, 2015,25(8):2349-2365.

［5］Baties N H. Total carbon and nitrogen in the soils of the world［J］. European Journal of Soil Science, 1996,47:151-163.

［6］Bellassen V, Viovy N, Luyssaert S, et al. Reconstruction and attribution of the carbon sink of European forests between 1950 and 2000［J］. Global Change Biology, 2011,17(11):3274-3292.

［7］Bormann F H, Likens G E. Pattern and processes in a forested ecosystem［M］. New York: Springer Verlag, 1979:1-120.

［8］Brechtel H M. Monitoring wet deposition in forests: quantitative and qualitative aspects［R］. Air pollution report series of the environm. ental research programme of the commission of the european communities. Brussels, 1989:39-63.

［9］Brechtel H M, Fuhrer H W. Importance of forest hydrological 'benchmark-catchment' in connection with the forest decline problem in Europe［J］. Agr. For. Meter. ,1994(72):89-89.

［10］Calzadilla P I, Signorelli S, Escaray F J, et al. Photosynthetic responses mediate the adaptation of two Lotus japonicus ecotypes to low temperature［J］. Plant Science, 2016,250:59-68.

［11］Costanza R. The value of the world's ecosystem services and nature capital［J］. Nature, 1997, 387:253-260.

［12］Daily G C. Natures Services: Societal Dependence on Natural Ecosystems［M］. Washington D C: Island Press, 1997.

［13］Detwiler R P. Land use change and the global carbon cycle: The role of tropical soils［J］. Biogeo Chemistry, 1986(2):67-93.

［14］Dixon R K,Brown S,Houghton R A,et al. Carbon pools and flux of global forest ecosystems［J］. Science, 1994,263:185-190.

［15］Dole V H, et al. Estimating the effects of land-usechange on global atmospheric CO_2 concentrations［J］. Can. J. For. Res, 1991(21):87-90.

［16］Dunne T. Field studies of hillslope flow processes［C］// Kirkby (editor). hillslope hydrology. John Wiley & Sons, 1978:227-294.

［17］Esser G, Aselmann I, Lieth H. Modeling the carbon reservoirn the system compartment "litter"［C］// Transport of carbon and Minerals in Major world Rivers: Part I:39 – 59. eds. E. T. Degens. Mitt. Geol-Palaont. Inst. Univ. Hamburg (SCOPE/UNEP Sonderb.),1982:52.

［18］Fang J Y,Chen A P,Peng C H,et al. Changes in forest biomass carbon storage in China between 1949 and 1998［J］. Science,2001,292(5525)：2320-2322.

［19］Fang J, Guo Z, Piao S, et al. Terrestrial vegetation carbon sinks in china, 1981～2000［J］. Sci China：Earth Sci, 2007, 50：1341-1350(in Chinese).

［20］FAO. Global Forest Resource Assessment：Progress Towards SustainableForest Management［M］∥FAO, ed. Rome：FAO Forestry Paper, 2005：147.

［21］Gash J H C. Comparative estimates of interception loss three conifers in Great Britain［J］. J. Hydrol. , 1980, 48：89-150.

［22］Gilley J E, Risse L M. Runoff and soil loss as affected by the application of manure［J］. Transactions of the American Society of Agricultural Engineers, 2000,43(6)：1583-1588.

［23］Gordon lrene M. Nature function［M］. New York：Springer-ver-lag, 1992.

［24］Gowdy J M. The value of the biodiversity：Markets society and ecosystems［J］. Land Economics, 1997, (4)：37-41.

［25］Hagit Attiya.分布式计算［M］.北京：电子出版社,2008.

［26］Harold A M, Paul R E. Ecosystem services：A fragmentary history［C］∥Daily G. ed. Natures Services：Societal Dependence on Natural Ecosystem. Washington：Island Press, 1997：11-28.

［27］Harrell P A, Bourgeau-Chavez L L, Kasischke E, et al. Sensitivity of ERS-1 and JERS-1 radar data to biomass and stand structure in Alaskan forest［J］. Remote Sensing of Environment, 1995, 54(3)：247-260.

［28］Houghton R A, Hobbie J E, Melillo J M, et al. Changes in carbon content of terrestrial biota and soil between 1860 and 1980：A net release of CO_2 to the atmosphere ［J］. Ecological Monogragh, 1983(53)：235-262.

［29］Houghton R A,Skole D L,Nobre C A,et al. Annual fluxes of carbon from deforestation and regrowth in the Brazilian Amazon［J］. Nature,2000,403：301-304.

［30］Jenkinson D, Adams D, Wild A. Model estimates of CO_2 emissions from soil in response to global warming［J］. Nature,1991,351：304-306.

［31］Wilson J B,Lee W G ,Mark A F. Species diversity in relation to ultramafic substrate and to altitude in southwestern New Zealand［J］. Vegetation, 1990, 86：15-20.

［32］Keeling C D R B, Bacastow A E Bainbridge, et al. Atmospheric carbon dioxide variations at Mauna Loa Observatory,Hawaii. Tellus,1976b ,28：538-551.

［33］Keeling C D, Bacastow R B. Impact of industrial gasses on climate［C］∥Energy and climate. National Academy of Sciences. Washington. D. C. USA,1977：72-95.

［34］Kelliher F M. Evaporation and canopy characteristics of coniferous forests and grasslands［J］. Oecologia, 1989,95：153-163.

［35］Leopold A. A Sandy County Almanac and Sketches from Here and There［M］. New York：Cambridge U-niversity Press, 1949.

［36］Liebscher H. Results of research on some experimental basins in the Upper Harz Mountains［J］. IAHS Publ,1972, 97：150-162.

［37］Loiyd C R,Marques A. Spatial variability of throughfall and stemflow measurement in Amazonian rain forest［J］. For Agri Meteorol,1988,42：63-67.

［38］Loomis J B. Assessing wild life and environmental values in cost benefit analysis：state of art［J］. Journal of Environmental Management, 1986(2)：32-38.

［39］ Luyssaert S, Inglima I, Jung M, et al. CO_2 balance of boreal, temperate, and tropical forests derived from a global database［J］. Glob Change Biol, 2007, 13: 2509-2537.

［40］ Manabe S, Stouffer R J. A CO_2 – Climate sensitivity study with a mathematical model of the global climate. Nature, 1979,282:491-493.

［41］ Mann L K. Change in soil Carbon Storage after Cultivation［J］. Soil Science,1986,142:279-288.

［42］ Marsh G P. Man and Nature［M］. New York: Charles Scribner, 1864.

［43］ Mc Culloch J G, Robinson M. History of forest hydrology［J］. Journal of Hydrology, 1993,150: 189-216.

［44］ Mitchell D J. The use of vegetation and land use parameters in modelling catchment sediment yield ［C］// Thornes J B. Vegetation and erosion［C］. New York: John Wiley and Sons, 1990:289-316.

［45］ Neary A J, Gizyn W I. Throughfall and stemflow chemistry under deciduous and coniferous forest canopies in south – central Ontario［J］. Can J For Res,1994,24:1089-1100.

［46］ Nikolaev A N, Fedorov P P, Desyatkin A R. Effect of hydrothermal conditions of permafrost soil on radial growth of larch and pine in Central Yakutia［J］. Contemporary Problems of Ecology, 2011,4(2):140-149.

［47］ Niu X, Wang B, Wei W J. Chinese Forest Ecosystem Research Network: A Plat Form for Observing and Studying Sustainable Forestry［J］. Journal of Food, Agriculture & Environment, 2013,11(2):1232-1238.

［48］ Niu Xiang, Wang Bing. Assessment of forest ecosystem services in China: A methodology［J］. Journal of Food, Agriculture & Environment, 2013,11(3&4):2249-2254.

［49］ Olson J S, Watts J A, Allison L J. Carbon in live vegetation of major world ecosystems. Report ORNL – 5682(Oak Ridge, Tenn.) Oak Ridge National Laboratory,1993.

［50］ Pearce D, Turner K. Economics of Natural Resources and the Environment［M］. New York: Harvester Wheat sheaf, 1990.

［51］ Pearce D W, Moran D. The economic value of biodiversity［M］. Cambridge, 1994.

［52］ Peters C M, Gentry A H, Mendelsohn R O. Valuation of an Amazazonian rain forest［J］. Nature, 1989, 339:655-656.

［53］ Pimentel D. Economic benefits of natural biota［J］. Ecological Economics, 1998(25):45-47.

［54］ Post W M, Emanuel W R, Zinke P J, et al. Soil carbon pools and world life zones［J］. Nature, 1982, 298:156-159.

［55］ Putuhena W M, Cordery I. Estimation of interception capacity of the forest floor［J］. J Hydrol,1996, 180: 283-299.

［56］ Raich J W, Potter C S. Global patterns of carbon dioxide emissions from soils［J］. Global Biogeochemical Cycles,1995(9):23-36.

［57］ Whittaker R H,Niering W A. Vegetation of the Santa Catalina Mountains, Arizona. V. Biomass, production, and diversity along the elevation gradients［J］. Ecology,1975, 56:771-790.

［58］ PEEK R K. Forest vegetation of the Colorado Front Range:Pattern of species diversity［J］. Vegetatio, 1978,37:65-78.

［59］ Robert K Dixon. Carbon pools and flux of global forest ecosystems. In: Proceedings of the Tsukuba global carbon cycle workshop global environment. Tsukuba, 1995(95):117-119.

［60］ Rutter A J. A predictive male of rainfall interception in forests. I. Derivation of the model from observation in a plantation of Corsican pine［J］. Agr. Met. ,1971(9):367-384.

[61] Schlesinger W H. Changes in soil carbon storage and associated properties with disturbance and recovery. [C] // J R Trabaklka, DE Reichle (eds). The changing Carbon Cycle: A Global Analysis. Spring-Verlag. New York,1986:194-220.

[62] ITOW S. Species turnover and diversity patterns along an elevation broad-leaved forest coenocline Species turnover and diversity patterns along an elevation broad-leaved forest coenocline[J]. Journal of Vegetation Science, 1991(2):477-484.

[63] Smith N G, Dukes J S. Plant respiration and photosynthesis in global scale models: incorporating acclimation to temperature and CO_2[J]. Global Change Biology, 2013,19(1):45-63.

[64] Song C, Woodcock C E. Monitoring forest succession with multitemporal Landsat images: Factors of uncertainty[J]. IEEE Transactions on Geoscience and Remote Sensing,2003,41(11):2557-2567.

[65] Sundquist E T. The global carbon dioxide budget[J]. Science, 1978,259:934-941.

[66] Swank W T, Crossley D A. Forest hydrology and ecology at Coweeta. Ecological studies 66[M]. New York: Springerverlag,1988.

[67] Teklehaimanot Z. Rainfall interception and boundary conductance in relation to tree spacing[J]. J. Hydrol. ,1997,123:261-278.

[68] Tietema A. Abiotic factors regulating nitrogen transformations in the organic layer of acid forest soils: moisture and pH[J]. Plant Soil,1992,147: 69-78.

[69] Tobon Marin C, Bouten W, Sevink J. Gross rainfall and its partitioning into throughfall, stemflow and evaporation of intercepted water in four forest ecosystems in western Amazonia[J]. J. Hydrol,2000,237: 40-57.

[70] Tom M L Wigley. The IPCC, assessment of the carbon cycle[C] // Proceedings of the Tsukuba, 1995 (95):15-20.

[71] Turner D P,Koerper G J,Harmon M E,et al. A carbon budget for forests of the conterminous United States [J]. Ecological Application,1995,5(2):421-436.

[72] Valente F. Modelling interception loss for two sparse eucalypt and pine forests in central Portugal using reformulated Rutter and Gash analytical models[J]. J Hydrol. ,1997,190:141-162.

[73] Viville D. Interception on a mountainous declining spruce stand in the Streng bach catchment (Voges, France)[J]. J. Hydrol. ,1993,144: 273-282.

[74] Wainwright J, Parsons A J, Abrahams A D. Plot-scale studies of vegetation, overland flow and erosion interactions: case studies from Arizona and New Mexico: Linking hydrology and ecology[M]. Hydrological processes,2000.

[75] Wang Zhe, Cui Xuan,Yin Shan,et al. Characteristics of carbon storage in Shanghai,s urban forest[J]. Chinese Science Bulletin,2013,58(10) :1130-1138(in Chinese).

[76] Watson R T, Rodhe H, Oeschger H,et al. Greenhouse gases and aerosols[C] // Eds J T Houghton, G J. Jenkinsand J J Ephraums. The IPCC Scientific Assessment. Cambridge University Press Climate change, 1990:1-40.

[77] Whittaker R H, Niering W A. Vegetation of the Santa Catalina Mountains, Arizona: V. Biomass, production, and diversity along the elevation gradient. Ecology, 1975,56: 771-790.

[78] Woolwell G M,et al. The biota and world carbon budget[J]. Science, 1978,199:141-146.

[79] Yoda K A. Preliminary survey of the forest vegetation of eastern Nepal[J]. J. Coll. Arts Sci Chiba Univ. ,Nat. Sci. Ser. ,1967(5):99-140.

[80] You W Z, Wei W J, Zhang H D. Temporal patterns of soil CO_2 efflux in a temperate Korean Larch(Larix

olgensis Herry.)plantation, Northeast China[J]. Trees. 2013,27(5):1417-1428.

[81] Zhang B, Li W H, Xie G D, et al. Water conservation of forest ecosystem in Beijing and its value[J]. Ecological Economics, 2010,69(7):1416-1426.

[82] 阿丽亚·拜都热拉,玉米提·哈力克,等.干旱区绿洲城市主要绿化树种最大滞尘量对比[J].林业科学,2015,51(3):57-64.

[83] 安树青,朱学雷,王峥峰,等.海南五指山热带山地雨林植物物种多样性研究[J].生态学报,1999,19(6):803-809.

[84] 包维楷,陈庆恒,刘照光.退化植物群落结构及其物种组成在人为干扰梯度上的响应[J].云南植物研究,2000,22(3):307-316.

[85] 蔡靖,杨秀萍,姜在民.陕西周至国家级自然保护区植物多样性研究[J].西北林学院学报,2002,17(4):19-23.

[86] 曹吉鑫,田赟,王小平,等.森林碳汇的估算方法及其发展趋势[J].生态环境学报,2009,18(5):2001-2005.

[87] 陈步峰,林明献.尖峰岭热带山地雨林生态系统的水文生态效应[J].生态学报,2000,20(3):423-429.

[88] 陈继东,李东胜,贾哲,等.燕山北部山地4种植物群落结构组成及相似性研究[J].河北林果研究,2013,28(1):49-54.

[89] 陈祥伟.嫩江上游流域生态系统水量平衡的研究[J].应用生态学报,2001,12(6):903-907.

[90] 陈亚锋,余树全,严晓素,等.浙江桐庐3种森林类型群落结构[J].浙江农林大学学报,2011,28(3):408-415.

[91] 迟璐,王百田,曹晓阳,等.山西太岳山主要森林生态系统碳储量与碳密度[J].东北林业大学学报,2013,41(8):32-35.

[92] 邓志平,卢毅军,谢佳彦,等.杭州西湖山区不同植被类型植物多样性比较研究[J].中国生态农业学报,2008,16(1):25-29.

[93] 丁永建,叶柏生,刘时银.祁连山区流域径流影响因子分析[J].地理学报,1999,54(5):431-437.

[94] 丁增发.安徽肖坑森林植物群落与生物量及生产力研究[D].安徽:安徽农业大学,2005.

[95] 樊登星,余新晓,岳永杰,等.北京市森林碳储量及其动态变化[J].北京林业大学学报,2008,30(S2):117-120.

[96] 樊兰英,孙拖焕.山西省油松人工林的生产力及经营潜力[J].水土保持通报,2017,37(5):176-181.

[97] 方精云,刘国华,徐嵩龄.中国陆地生态系统的碳循环及其全球意义[M]//王庚辰,温玉璞主编.温室气体浓度和排放监测及相关过程.北京:中国环境科学出版社,1996:129-139.

[98] 方精云,朴世龙,赵淑清.CO$_2$失汇与北半球中高纬度陆地生态系统的碳汇[J].植物生态学报,2001,25(5):594-602.

[99] 方精云.探索中国山地植物多样性分布规律[J].生物多样性,2004,12(1):1-4.

[100] 方精云,沈泽昊,唐志尧,等."中国山地植物物种多样性调查计划"及若干技术规范[J].生物多样性,2004,12(1):5-9.

[101] 方向东,孟广涛,郎南军,等.滇中高原山地人工群落径流规律的研究[J].水土保持学报,2001,15(1):66-69.

[102] 方运霆,莫江明,Sandra Brown,等.鼎湖山自然保护区土壤有机碳贮量和分配特征[J].生态学报,2004,24(1):135-142.

[103] 冯万富,汪志强,单燕祥,等.豫南山区典型森林类型径流变化规律研究[J].河南林业科技,

2009,29(4):16-20.

[104] 冯万富,张学顺,单燕祥,等.豫南山区典型森林类型土壤水分变化规律研究[J].数学的实践与认识,2010,40(10):97-100.

[105] 冯万富,张学顺,单燕祥,等.豫南山区落叶阔叶林生态系统水量平衡研究[J].数学的实践与认识,2011,41(22):97-102.

[106] 冯万富,张学顺,张玉虎,等.暖温带－亚热带过渡区鸡公山不同海拔天然松栎混交林生态系统碳库特征[J].安徽农业大学学报,2015,42(3):375-380.

[107] 高人.辽宁东部山区几种主要森林植被类型水量平衡研究[J].水土保持通报,2002,22(2):5-8.

[108] 高一飞.中国森林生态系统碳库特征及其影响因素[D].北京:中国科学院大学,2016.

[109] 高远,慈海鑫,邱振鲁,等.山东蒙山植物多样性及其海拔梯度格局[J].生态学报,2009,29(12):6377-6383.

[110] 郭浩,王兵,马向前,等.中国油松林生态服务功能评估[J].中国科学C辑,2008,38(6):565-572.

[111] 国家林业局.国家陆地生态系统定位观测研究站网管理办法:林科发〔2014〕98号.2014.

[112] 国家林业局.国家陆地生态系统定位观测研究网络中长期发展规划(2008－2020年).2016.

[113] 国家林业局.关于加强国家陆地生态系统定位观测研究站网数据管理工作的通知:科技字〔2016〕43号.2016.

[114] 国家林业局.森林生态系统定位观测指标体系:LY/T 1606—2003[S].北京:中国标准出版社,2003.

[115] 国家林业局.森林生态系统定位研究站建设技术要求:LY/T 1626—2005[S].北京:中国标准出版社,2005.

[116] 国家林业局.森林生态系统服务功能评估规范:LY/T 1721—2008[S].北京:中国标准出版社,2008.

[117] 国家林业局.森林生态系统长期定位观测方法:LY/T 1952—2011[S].北京:中国标准出版社,2011.

[118] 国家林业局.森林生态系统长期定位观测方法:GB/T 33027—2016[S].北京:中国标准出版社,2016.

[119] 国家林业局.森林生态系统长期定位观测指标体系:GB/T 35377—2017[S].北京:中国标准出版社,2017.

[120] 国家林业和草原局.森林生态系统服务功能评估规范:GB/T 38582—2020[S].北京:中国标准出版社,2020.

[121] 韩景军,肖文发,郭泉水,等.西藏林芝县林芝云杉幼林更新与物种多样性指数研究[J].林业科学,2002,38(5):166-168.

[122] 郝占庆,邓红兵,姜萍,等.长白山北坡植物群落间物种共有度的海拔梯度变化[J].生态学报,2001,21(9):1421-1426.

[123] 贺金生,陈伟烈.陆地植物群落物种多样性的梯度变化特征[J].生态学报,1997,17(1):91-99.

[124] 贺金生,陈伟烈,李凌浩.中国中亚热带东部常绿阔叶林主要类型的群落多样性特征[J].植物生态学报,1998,22(4):303-311.

[125] 河南鸡公山国家级自然保护区管理局.风雨百年鸡公山——河南鸡公山国家级自然保护区,2018.

[126] 侯元兆,王琦.中国森林资源核算研究[J].世界林业研究,1995(3):51-56.

[127] 黄从德,张健,杨万勤,等.四川森林土壤有机碳储量的空间分布特征[J].生态学报,2009,29(3):1217-1225.

[128] 黄礼隆.试论四川西部高山原始林的水源涵养效能[C]//全国森林水文学学术讨论会文集.北京:测绘出版社,1989:119-125.

[129] 和爱军.浅析日本的森林公益机能经济价值评价[J].中南林业调查规划,2002,21(2):48-54.

[130] 姜东涛.森林生态效益估测与评价方法的研究[J].华东森林经理,2000,14(4):14-19.

[131] 康文星,田徵,何介男,等.广州市十种森林生态系统的碳循环[J].应用生态学报,2009,20(12):2917-2924.

[132] 科学技术部.国家野外科学观测研究站建设发展方案:国科办基[2019]55 号.2019.

[133] 郎奎建,李长胜,殷有,等.林业生态工程10种森林生态效益计量理论和方法[J].东北林业大学学报,2000,28(1):1-7.

[134] 李茂.联合国综合环境经济核算体系[J].国土资源情报,2005(5):13-16.

[135] 李克让,王绍强,曹明奎.中国植被和土壤碳储量[J].中国科学D辑,2003,33(1):72-80.

[136] 李凌浩,林鹏,何建源,等.森林降水化学研究综述[J].水土保持学报,1994,8(1):84-96.

[137] 李凌浩,王其兵.武夷山甜槠林水文学效应的研究[J].植物生态学报,1997,21(5):393-402.

[138] 李少宁,王兵,郭浩,等.大岗山森林生态系统服务功能及其价值评估[J].中国水土保持科学,2007,5(6):58-64.

[139] 李少宁,王兵,赵广东,等.森林生态系统服务功能研究进展–理论与方法[J].世界林业研究,2004,17(4):14-18.

[140] 李毅,门旗,罗英.土壤水分空间变异性对灌溉决策的影响研究[J].干旱地区农业研究,2000,18(2):80-85.

[141] 李银,侯琳,陈军军,等.秦岭松栎混交林碳密度空间分布特征[J].东北林业大学学报,2014,42(1):47-50.

[142] 林业部科技司.森林生态系统定位研究方法[M].北京:中国科学技术出版社,1994.

[143] 林英华,杜志勇,谭飞,等.河南鸡公山自然保护区鸟类多样性与分布特征[J].林业资源管理,2012(2):74-80.

[144] 刘世荣,温远光,王兵,等.中国森林生态系统水文生态功能规律[M].北京:中国林业出版社,1996.

[145] 刘琴.充分发挥林业在应对气候变化和节能减排中的独特作用[N].北京:中国绿色时报,2007-09-04.

[146] 刘煊章.森林生态系统定位研究[M].北京:中国林业出版社,1993.

[147] 刘玉萃,吴明作,郭宗明,等.宝天曼自然保护区栓皮栎林生物量和净生产力研究[J].应用生态学报,1998,9(6):569-574.

[148] 刘玉洪,马友鑫,刘文杰,等.西双版纳人工群落林地径流量的初步研究[J].土壤侵蚀与水土保持学报,1999,5(2):30-34.

[149] 卢俊培.海南岛森林水文效应的初步探讨[J].热带林业科技,1982(1):13-20.

[150] 吕劲文,乐群,王铮,等.福建省森林生态系统碳汇潜力[J].生态学报,2010,30(8):2188-2196.

[151] 马建伟,张宋智,郭小龙,等.小陇山森林生态系统服务功能价值评估[J].生态与农村环境学报,2007,23(3):27-30,35.

[152] 马凯,李永宁,金辉,等.不同生境类型金莲花群落物种多样性比较[J].草业科学,2011,28(8):1467-1472.

[153] 马克平,黄建辉,于顺利.北京东灵山地区植物群落多样性的研究[J].生态科学,1995,15(3):268-277.

[154] 马克平,钱迎倩,王晨.生物多样性研究的现状与发展趋势[J].科技导报,1995(1):27-30.

[155] 马钦彦,陈遐林,王娟,等.华北主要森林类型建群种的含碳率分析[J].北京林业大学学报,2002,24(5/6):96-100.

[156] 马雪华.岷江上游森林采伐对河流流量和泥沙悬移物质的影响[J].自然资源,1981(3):29-33.

[157] 马雪华.四川米亚罗地区高山冷杉林水文作用的研究[J].林业科学,1987,23(3):253-265.

[158] 马雪华.森林与水质[M].北京:测绘出版社,1989:31-35.

[159] 马雪华.森林水文学[M].北京:中国林业出版社,1993.

[160] 倪健,宋永昌.CO$_2$倍增条件下中国亚热带常绿阔叶林优势种及常见分布区的可能变迁[J].植物生态学报,1997,21(5):455-467.

[161] 牛香,王兵.基于分布式测算方法的福建省森林生态系统服务功能评估[J].中国水土保持科学,2012,10(2):36-43.

[162] 牛香,王兵,陶玉柱,等.森林生态学方法论[M].北京:中国林业出版社,2018.

[163] 牛香,薛恩东,王兵,等.森林治污减霾功能研究——以北京市和陕西关中地区为例[M].北京:科学出版社,2017.

[164] 欧阳志云,王如松,赵景柱.生态系统服务功能及其生态经济价值评价[J].应用生态学报,1999,10(5):635-640.

[165] 欧阳志云,王如松.生态系统服务功能、生态价值与可持续发展[J].世界科技研究与发展,2000,22(5):45-50.

[166] 潘成忠,上官周平.黄土半干旱丘陵区陡坡地土壤水分空间变异性研究[J].农业工程学报,2003,11(19):5-9.

[167] 潘根兴.中国土壤有机碳和无机碳库量研究[J].科技通报,1999,15(5):330-332.

[168] 潘家华.必须废除《气候变化框架公约》[J].中国生态学会通讯,1996(4):1-2.

[169] 钱迎倩,马克平.生物多样性研究的原理与方法[M].北京:中国科学技术出版社,1994.

[170] 邱扬,傅伯杰,王军,等.黄土丘陵小流域土壤水分的空间异质性及其影响因子[J].应用生态学报,2002,12(5):715-720.

[171] 曲波,苗艳明,张钦弟,等.山西五鹿山植物物种多样性及其海拔梯度格局[J].植物分类与资源学报,2012,34(4):376-382.

[172] 瞿文元.河南珍稀濒危动物[M].河南:河南科技出版社,2000.

[173] 沈蕊,张建利,何彪,等.元江流域干热河谷草地植物群落结构特征及相似性分析[J].生态环境学报,2010,19(12):2821-2825.

[174] 沈泽昊,胡会风,周宇,等.神农架南坡植物群落多样性的海拔梯度格局[J].生物多样性,2014,12(1):99-107.

[175] 石培礼,李文华.森林植被变化对水文过程和径流的影响效应[J].自然资源学报,2001,16(5):481-487.

[176] 史作民,程瑞梅,刘世荣,等.宝天曼植物群落物种多样性研究[J].林业科学,2002,38(6):17-23.

[177] 宋朝枢.鸡公山自然保护区科学考察集[M].北京:中国林业出版社,1994.

[178] 宋庆丰.中国近40年森林资源变迁动态对生态功能的影响研究[D].北京:中国林业科学研究院,2015.

[179] 唐克丽.中国水土保持[M].北京:科学出版社,2004.

[180] 唐志尧,方精云.植物物种多样性的垂直分布格局[J].生物多样性,2004,12(1):20-28.

[181] 田大伦,项文化.杉木林地土壤水分动态规律的研究[C]//刘煊章.森林生态系统定位研究.北京:中国林业出版社,1993:209-215.

[182] 万明利.宽坝林区主要森林群落植物多样性及其种间关系研究[D].雅安:四川农业大学,2006.

[183] 王兵,崔向慧,包永红,等.生态系统长期观测与研究网络[M].北京:中国科学技术出版社,2003.

[184] 王兵,丁访军,等.森林生态系统长期定位研究标准体系[M].北京:中国林业出版社,2012.

[185] 王兵,等.大岗山森林生态系统研究[M].北京:中国科学技术出版社,2003.

[186] 王兵,魏江生,俞社保,等.广西壮族自治区森林生态系统服务功能研究[J].广西植物,2013,33 (1):46-51

[187] 王见.昆明市森林生态效益评价研究[D].昆明:西南林学院,2004.

[188] 王礼先,张志强.森林植被变化的水文生态效应研究进展[J].世界林业研究,1998,11(6):14-23.

[189] 王明辉.盐城和新乡两个国家级鸟类湿地保护区植物多样性的比较研究[D].扬州:扬州大学, 2009.

[190] 王绍强,周成虎,李克让,等.中国土壤有机碳库及空间分布特征分析[J].地理学报,2000,55 (5):533-544.

[191] 王天明.丰林自然保护区阔叶红松林生物多样性研究[D].哈尔滨:东北林业大学,2004.

[192] 王新闯,齐光,于大炮,等.吉林省森林生态系统的碳储量、碳密度及其分布[J].应用生态学报, 2011,22(8):2013-2020.

[193] 王雪军,付晓.辽宁省森林生态系统服务功能及其价值初步研究[J].林业资源管理,2007,8(4): 79-83,92.

[194] 王燕,刘苑秋,杨清培,等.江西大岗山常绿阔叶林群落特征研究[J].江西农业大学学报,2009,31 (6):1055-1062.

[195] 汪松.中国环境与发展国际合作委员会生物多样性工作组第三年度(1994/5)工作报告[J].生物 多样性,1996,4(1):54-62.

[196] 汪志强,刘国顺,杜化堂,等.鸡公山森林生态站固定样地植物群落调查分析[J].林业资源管理, 2010(4):45-48.

[197] 温远光,刘世荣.我国主要森林生态类型降水截持规律的数量分析[J].林业科学,1995,3(4): 289-298.

[198] 温作民.森林生态税[M].北京:中国林业出版社,2002.

[199] 巫涛,彭重华,田大伦,等.长沙市区马尾松人工林生态系统碳储量及其分布特征[J].生态学报, 2012,32(13):4034-4042.

[200] 吴钢,肖寒,赵景柱,等.长白山森林生态系统服务功能[J].中国科学(C辑),2001,31(5):471- 480.

[201] 吴征镒,等.中国植被[M].北京:科学出版社,1980.

[202] 向成华,栾军伟,骆宗诗,等.川西沿海拔梯度典型植被类型土壤活性有机碳分布[J].生态学报, 2010,30(4):1025-1034.

[203] 谢婉君.生态公益林水土保持生态效益遥感测定研究[D].福州:福建农林大学,2013.

[204] 谢正生,古炎坤,陈北光,等.南岭国家级自然保护区森林群落物种多样性分析[J].华南农业大学 学报,1998,19(3):62-66.

[205] 解宪丽,孙波,周慧珍,等.不同植被下中国土壤有机碳的储量与影响因子[J].土壤学报,2004, 41(5):687-699.

[206] 辛琨,肖笃宁.生态系统服务功能研究简述[J].中国人口·资源与环境,2000,10(3):20-22.

[207] 信阳市鸡公山管理区管理委员会.鸡公山管理区2019年政府工作报告:信鸡办文[2019]5号. 2018.

[208] 薛建辉,苏继申.森林的生态功能分析与可持续利用保护[J].中国可持续发展,2001(3):3-5.

[209] 许纪泉,钟全林.武夷山自然保护区森林生态系统服务功能价值评估[J].林业调查规划,2006,31

(6):58-61.

[210] 许静仪.人类活动对径流的影响[J].工程水文及水利计算,1981(13):20-23.

[211] 杨凤萍.基层水利事业单位固定资产管理探讨[J].山西水土保持科技,2013(1):32-33.

[212] 杨海军,孙立达,余新晓.晋西黄土区森林流域水量平衡研究[J].水土保持通报,1994,14(2):26-31.

[213] 叶永忠,李培学,瞿文元.河南鸡公山国家级自然保护区科学考察集[M].北京:科学出版社,2014.

[214] 尹光彩,周国逸,刘景时,等.鼎湖山针阔叶混交林生态系统水文效应研究[J].热带亚热带植物学报,2004,12(3):195-201.

[215] 游水生.不同人为干扰强度对米槠林乔木层组成和物种多样性的影响[J].林业科学,2001,37:106-110.

[216] 岳明,张林静,党高弟,等.佛坪自然保护区植物群落物种多样性与海拔梯度的关系[J].地理科学,2002,22(3):349-354.

[217] 于辉,熊跃军.森林效益研究进展[J].林业勘察设计,2011(1):11-12.

[218] 于建军,杨锋,吴克宁,等.河南省土壤有机碳储量及空间分布[J].应用生态学报,2008,19(5):1058-1063.

[219] 于志民,王礼先.水源涵养林效益研究[M].北京:中国林业出版社,1999.

[220] 余新晓,秦永胜,陈丽华,等.北京山地森林生态系统服务功能及其价值初步研究[J].生态学报,2002,22(5):783-786.

[221] 余作岳,周国逸,彭少麟.小良试验站三种植被类型地表径流效应的对比研究[J].植物生态学报,1996,20(4):355-362.

[222] 翟洪波,李吉跃,聂立水.油松栓皮栎混交林林地蒸散和水量平衡研究[J].北京林业大学学报,2004,26(2):48-51.

[223] 张峰,张金屯,上官铁梁.历山自然保护区猪尾沟森林群落植物多样性研究[J].植物生态学报,2002,26(增刊):46-51.

[224] 张光灿,刘霞,赵玫.树冠截留降雨模型研究进展及其述评[J].南京林业大学学报,2000,24(1):64-68.

[225] 张国斌,李秀芹,余新松,等.安徽岭南优势树种(组)生物量特征[J].林业科学,2012,48(5):136-140.

[226] 张建国,余建辉.生态林业的效益观-林业综合效益初步[J].林业经济问题,1991(3):1228.

[227] 张建辉,何毓蓉,唐时嘉.四川丘陵区土壤湿度的空间变异分析[J].土壤通报,1996,27(2):61-62.

[228] 张建列,李庆夏.国外森林水文研究概述[J].世界林业研究,1988(4):41-47.

[229] 张磊,谢双喜,吴志文,等.贵州习水国家级自然保护区森林群落相似性与聚类分析[J].贵州农业科学,2011,39(6):170-172.

[230] 张玲,王震洪.云南牟定三种人工林森林水文效应的研究[J].水土保持研究,2001,8(2):69-73.

[231] 张玲,张东来,王承义,等.黑龙江省胜山国家级自然保护区植物群落物种多样性与环境因子关系[J].辽宁林业科技,2010(6):16-18.

[232] 张全智,王传宽.6种温带森林碳密度与碳分配[J].中国科学:生命科学,2010,40(7):621-631.

[233] 张永利,杨锋伟,王兵,等.中国森林生态系统服务功能研究[M].北京:科学出版社,2010.

[234] 张胜利,雷瑞德,吕瑜良,等.秦岭火地塘林区森林生态系统水量平衡研究[J].水土保持通报,2000,20(6):18-22.

[235] 张文,张建利,周玉锋,等.喀斯特山地草地植物群落结构与相似性特征[J].生态环境学报,2011, 20(5):843-848.

[236] 张学顺,冯万富,李培学,等.暖温带－亚热带过渡区鸡公山落叶栎林生态系统碳储量分布特征 [J].信阳师范学院学报,2014,27(3):363-367.

[237] 张学顺,王兵,冯万富,等.暖温带－亚热带过渡区鸡公山落叶栎林和松栎混交林土壤有机碳空间 分布特征[J].安徽农业大学学报,2013,40(1):18-22.

[238] 张玉虎,张学顺,冯万富,等.鸡公山落叶阔叶林和针阔混交林植物物种多样性研究[J].云南农业 大学学报,2014,29(6):799-805.

[239] 张玉虎,周亚运,柳勇,等.鸡公山自然保护区4种森林植被凋落物量及动态[J].云南农业大学学 报,2017,32(2):310-315.

[240] 张志强,余新晓,赵玉涛,等.森林对水文过程影响研究进展[J].应用生态学报,2003,14(1):113- 116.

[241] 庄树宏,王克明,陈礼学.昆嵛山老杨坟阳坡与阴坡半天然植被植物群落生态学特性的初步研究 [J].植物生态学报,1999,23(3):238-249.

[242] 赵同谦,欧阳志云,郑华,等.中国森林生态系统服务功能及其价值评价[J].自然资源学报, 2004,19(4):480-491.

[243] 赵志模,郭依泉.群落生态学原理与方法[M].重庆:科学技术出版社重庆分社,1992.

[244] 郑元润.大青沟森林植物群落物种多样性研究[J].生物多样性,1998,6(3):191-196.

[245] 中国森林生态服务功能评估项目组.中国森林生态服务功能评估[M].北京:科学出版社,2010.

[246] 中国生物多样性国情研究报告编写组.中国生物多样性国情研究报告[C].北京:中国环境科学 出版社,1998.

[247] 周克勤.鸡公山鸟类[M].北京:中国林业出版社,2013.

[248] 周克勤.信阳古树名木[M].北京:中国林业出版社,2015.

[249] 周巍,李纯.河南鸡公山－桐柏山区天然色素植物资源及利用[J].安徽农业科学,2007,35(1): 197-199.

[250] 周晓峰,赵惠勋,孙慧珍.正确评价森林水文效应[J].自然资源学报,2001,16(5):420-426.

[251] 周玉荣,于振良,赵士洞.我国主要森林生态系统碳贮量和碳平衡[J].植物生态学报,2000,24 (5):518-522.

[252] 朱劲伟.小兴安岭红松阔叶林的水文效应[J].东北林学院学报,1982(4):17-24.

[253] 朱劲伟,崔启武,史继德.红松林和采伐迹地的水量平衡[J].生态学报,1982,2(4):335-343.

附　录

附录 1　信阳市森林生态服务功能评估公报（2012 年度）

一、前言

林业是一项重要的公益事业和基础产业,承担着生态建设、产业发展和文化传承的重要任务。发展林业,是实现科学发展的重大举措,是建设生态文明的首要任务,是应对气候变化的战略选择,是解决"三农"问题的重要途径。

森林具有多种功能。以森林为主要经营对象的林业,在生态安全、气候安全、能源安全、物种安全、粮食安全、淡水安全、木材安全、劳动力就业、社会和谐稳定、国际关系等方面发挥着不可替代的作用。林木在提供木材等直接物质产品的同时,还是社会生产极其重要的生态产品,具有巨大的生态服务功能。

信阳市林业科学研究所等单位,利用信阳市森林资源清查数据、河南鸡公山森林生态系统国家定位观测研究站及周边生态站长期连续观测研究数据集、权威部门发布的社会公共数据等基础数据,依据国家林业局《森林生态系统服务功能评估规范》(LY/T 1721—2008),共同完成了信阳市森林生态服务功能价值评估(2012 年度)项目。该项目 2012 年底通过了省级成果鉴定,总体达到国内同类研究的领先水平,并获得信阳市科技进步奖一等奖。按照涵养水源、保育土壤、固碳释氧、积累营养物质、净化大气环境、保护生物多样性、防护农田、森林游憩等 8 个方面共 22 项指标完成了信阳市森林生态服务功能物质量和价值量评估。

二、信阳市森林生态资源

信阳市处于北亚热带向暖温带过渡区,山区和丘陵面积占总国土面积的 75.4%,光热水资源丰富,适合多种林木生长,发展林业条件优越,是河南省林业发展的重点地区。

根据信阳市森林资源清查成果(见附表 1),全市林业用地面积 65.43 万 hm^2,有林地面积 54.70 万 hm^2,竹林面积 0.73 万 hm^2,国家特别规定的灌木林地面积 3.59 万 hm^2,其他灌木林地面积 1.88 万 hm^2。全市"四旁"树木总株数 0.74 亿株,折合森林面积 7.77 万 hm^2。全市疏林地面积 0.35 万 hm^2。活立木蓄积量 2 671.55 万 m^3,森林覆盖率 34.44%,是全国 9 个省辖市级生态建设示范市之一。

附表1　信阳市各优势树种组不同发育阶段面积统计　　　（单位:hm²）

优势树种	发育阶段					合计
	幼龄林	中龄林	近熟林	成熟林	过熟林	
柏木	335.04	439.39	56.12	77.70	6.00	914.25
栎类	33 189.26	1 814.04	288.31	269.48	0	35 561.09
马尾松	99 118.05	43 300.86	15 165.95	4 346.11	218.82	162 149.79
杨树	58 148.81	61 927.29	2 221.48	664.18	164.20	123 125.96
软阔类	1 379.87	770.90	529.64	397.97	117.99	3 196.37
杉木	5 917.58	12 793.99	2 776.87	3 499.90	606.95	25 595.29
硬阔类	50 224.55	2 573.69	461.75	130.99	160.03	53 551.01
针阔混	11 544.53	3 243.23	169.43	0	0	14 957.19
合计(hm²)	259 857.69	126 863.4	21 669.55	9 386.33	1 273.99	419 051.00

目前全市已建立自然保护区 10 处,其中国家级自然保护区 3 处、省级自然保护区 7 处。国家级地质公园 1 个。建立森林公园 10 处,其中国家森林公园 3 处、省级森林公园 7 处,占全市国土面积的 6.23%。

三、信阳市森林生态服务价值

经评估,2012 年信阳市森林生态服务功能总价值为 438.21 亿元。

(一)涵养水源价值

全市森林调节水量为 19.21 亿 m³/a,调节水量价值为 117.39 亿元/a;净化水量为 19.21 亿 m³/a,净化水质价值为 49.95 亿元/a。综合森林调节水量及其净化水质两项价值,得到信阳市森林涵养水源价值为 167.34 亿元/a。

(二)保育土壤价值

全市森林固土量为 0.20 亿 t/a,固土价值为 4.61 亿元/a;保肥量 100.48 万 t/a,保肥价值为 35.25 亿元/a。综合森林固土与保肥两项价值,得到信阳市森林保育土壤价值为 39.86 亿元/a。

(三)固碳释氧价值

全市森林固碳量为 318.61 万 t/a(相当于固定大气中的二氧化碳 1 168.25 万 t/a),固碳价值为 33.45 亿元/a;释氧量 744.98 万 t/a,释氧价值为 74.50 亿元/a。综合森林固碳与释氧两项价值,得到信阳市森林固碳释氧价值为 107.95 亿元/a。

(四)积累营养物质价值

信阳市森林年增加 N 量为 1.80 万 t/a,积累 N 肥价值为 4.60 亿元/a;年增加 P 量为 0.27 万 t/a,积累 P 肥价值为 0.65 亿元/a;年增加 K 量为 1.67 万 t/a,积累 K 肥价值为 1.20 亿元/a。综合以上三项,得到信阳市森林积累营养物质价值为 6.45 亿元/a。

（五）净化大气环境价值

信阳市森林年吸收二氧化硫量为 8.28 万 t，吸收二氧化硫的价值为 9 939.78 万元/a；年吸收氟化物量为 0.17 万 t，吸收氟化物的价值为 116.50 万元/a；年吸收氮氧化物量为 0.35 万 t，吸收氮氧化物的价值为 222.30 万元/a；年滞尘量为 0.11 亿 t，滞尘价值为 17.23 亿元/a；年提供负氧离子 5.34×10^{24} 个，提供负氧离子的价值为 1 187.67 万元/a。综合以上五项价值，得到信阳市森林净化大气环境的价值为 18.38 亿元/a。

（六）保护生物多样性价值

信阳市森林保护生物多样性总价值 47.89 亿元/a。

（七）防护农田价值

森林的防护作用可使信阳市增产粮食 53.23 万 t，价值 20.81 亿元；增产油料 4.01 万 t，价值 4.27 亿元；增产蔬菜 29.22 万 t，价值 19.70 亿元。防护农田效益总价值 44.78 亿元/a。

（八）森林游憩价值

信阳市林业系统管辖的自然保护区和森林公园提供的森林生态旅游总价值为 5.55 亿元。

附录2 国家林业和草原局河南鸡公山森林生态系统
国家定位观测研究站简介

一、台站概况

河南鸡公山森林生态系统国家定位观测研究站（简称鸡公山森林生态国家站）位于河南省信阳市境内的鸡公山国家级自然保护区内,地理坐标为北纬31°46′~31°52′、东经114°01′~114°06′,站区面积2 928 hm²。2005年获得原国家林业局建站批复。在国家林业和草原局陆地生态系统定位观测研究网络总体布局中,属于"华东中南亚热带常绿阔叶林及马尾松杉木竹林地区"的"江淮平原丘陵落叶常绿阔叶林及马尾松林区",主要观测植被类型有落叶栎林、松栎混交林、马尾松林和杉木林。

建设单位: 信阳市林业科学研究所与鸡公山国家级自然保护区管理局合作共建

依托单位: 信阳市林业科学研究所

归口管理单位: 河南省林业局

人员配置: 固定人员15名,其中具有副高级以上职称的5人,并有客座研究人员长期在站区开展研究工作。

二、研究定位

河南鸡公山森林生态系统国家定位观测研究站围绕"数据积累、监测评估、科学研究、示范服务"等目标，突出区位优势和地域特色，以落叶栎林和松栎混交林为研究重点，开展暖温带－亚热带过渡带森林生态系统结构、关键生态过程、服务功能、森林健康与可持续经营等长期定位观测研究。

主要研究方向：

森林生态系统群落结构、演替格局及影响因素

森林生态系统对气候变化的响应和适应

森林植被对大气污染的调控机制和潜力

森林生态系统固碳能力和固碳潜力

森林健康与可持续发展

森林生态系统服务功能评价方法体系

三、建设成效

投资来源：

国家林业局（林计批字〔2005〕464号）
拨付鸡公山站建设专项经费93万元。

国家林业局（林计批字〔2006〕303号）
拨付鸡公山站建设专项经费196万元。

国家林业局（林规批字〔2010〕269号）
拨付鸡公山站建设专项经费284万元。

根据相关标准规范和可研批复，结合鸡
公山森林生态系统的特点，围绕数据积累、
生态效益评估和科学研究等核心职能，构建
鸡公山森林生态国家站的观测和研究体系。

2016年3月，生态站扩建项目通过竣工验收

鸡公山森林生态国家站基础设施总体布局图

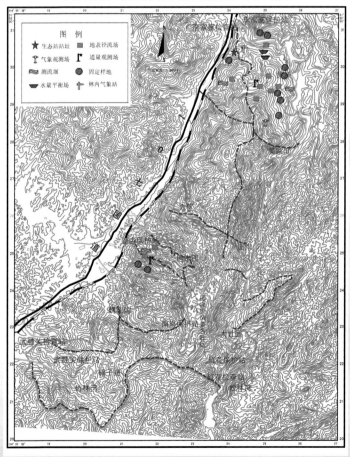

鸡公山森林生态国家站主要基础设施

设施名称	数量
野外综合实验楼	500 m²
通量观测塔	2座
简易喷灌塔群	含17座塔
标准气象观测场	1块
林内气象站	2座
小集水区测流堰	3座
坡面地表径流场	9个
水量平衡场	2个
常规观测样地	18块

通量观测塔

林内气象站

坡面径流场

标准气象观测场

小集水区测流堰

林冠层水量平衡样地

水量平衡场

鸡公山森林生态国家站主要仪器设备

项目	名称	功能	数量
气象要素观测	自动气象站	连续监测各种气象因子	3
	梯度气象站	连续监测森林不同梯度气象因子	2
水文要素观测	植物液流测量系统	连续测量树干液流速率	1
	多参数水质测量仪	测量森林水质相关指标	1
	自计雨量桶	连续测量林内穿透雨量	4
	翻斗流量计	连续测量坡面径流量和树干径流量	14
	水位记录仪	连续测量小集水区径流量	3
土壤要素观测	土壤呼吸测定系统	测量土壤呼吸速率	1
	土壤水分含量测定系统	测量土壤水分含量	1
	土壤养分测定仪	测量土壤营养元素含量	1
生物要素观测	CO_2和水汽通量观测系统	连续观测森林冠层与大气界面CO_2和水汽交换通量	2
	光合仪	测量植物光合速率	1
	便携式叶面积仪	测量林分叶面积指数	1
森林空气环境质量观测	森林环境空气质量监测系统	连续监测$PM_{2.5}$等6种常规大气污染物	1
	便携式空气颗粒物检测仪	测量森林$PM_{2.5}$等4种粒径颗粒物浓度	3
	空气负离子监测仪	测量森林大气负氧离子浓度	3

通量观测系统部分传感器

土壤呼吸测定系统

四、观测研究进展

数据积累

按照相关标准规范要求，开展森林生态系统水、土、气、生和碳水通量等本底观测调查。按照国家林业和草原局陆地生态系统定位观测研究站网中心、河南省林业局典型生态系统定位研究网络中心要求，完成本站常规指标观测、数据整理、质量控制与数据提交工作。近年来，每年积累基本观测数据高达20万条，100 MB；科研观测数据5亿条，20 GB以上。

为国家尤其是河南生态省建设、河南以及地方林业生态效益评估提供了重要的基础数据。

科研项目

近年来，由鸡公山森林生态国家站固定人员主持承担开展了国家973课题子专题（2011CB403201）"天然落叶阔叶林和针阔混交林土壤有机碳空间分布特征"、河南省科技计划项目"森林植被对$PM_{2.5}$等颗粒物的吸附调控功能研究""豫南山区典型林分关键生态过程长期观测与模拟（172102310561）"等10多项科研项目，在研项目5项。并与河南大学、中科院华南植物园等单位围绕着《落叶阔叶林林冠模拟增氮增水控制试验》开展了多个合作研究项目。

鸡公山森林生态国家站运行情况

模拟林冠增氮增水控制试验样地

调试通量观测系统

森林水质测定

林内土壤呼吸测定

采集集水区径流量数据

土壤有机碳含量测定

植物器官营养元素含量测定

设置固定样地

林内叶面积指数测定

五、监测评估与示范服务

信阳市森林生态服务功能价值评估

森林在提供木材等直接物质产品的同时，还为社会生产极其重要的生态产品，具有巨大的生态服务功能。该成果从固碳释氧等8个方面系统阐述了森林的生态服务功能机制，构建了由森林净化水质等22项指标组成的森林生态服务功能评估指标体系和计量模型。利用信阳市森林资源调查成果、鸡公山森林生态站长期连续观测研究数据集、权威部门发布的社会公共数据等基础数据，采用分布式测算方法完成《信阳市森林生态服务功能价值评估报告》。评估结果显示，2012年信阳市森林生态服务功能总价值为438.21亿元，占当年信阳市地方生产总值的31.11%。评估结果彰显了信阳市林业生态建设成果，对指导信阳市现有森林资源的开发利用，提高现有森林的生态服务功能总价值，让全市人民更大程度上享受森林生态福祉具有非常重要的现实意义。该成果以公报的形式在信阳市人民政府网、《信阳日报》等地方主流新闻媒体上进行了发布，提高了林业在信阳市国民经济和社会发展中的地位。

开展空气负离子资源监测，服务于地方生态文明建设

2014年9月，受信阳市委宣传部委托，生态站邀请国内知名专家实测了信阳市典型森林生态旅游景区空气负离子浓度，并召开了信息发布仪式。结果表明：信阳市黄柏山万丈崖景点和鸡公山东沟瀑布群景点固定时段空气负离子浓度平均值分别达到每立方厘米20.70万个和20.48万个，其中万丈崖景点空气负离子浓度瞬间峰值高达每立方厘米47.80万个，无论是两景点固定时段平均值还是万丈崖景点瞬间峰值均创下国内已见报道的空气负离子浓度新高。凸显了信阳的生态优势，促进了信阳森林生态旅游产业的发展。

六、合作交流

先后与河南鸡公山自然保护区管理局、信阳师范学院、中科院华南植物园等单位签订了合作共建鸡公山森林生态国家站协议书，达到了资源共享、合作共赢的目的。

2009年，鸡公山森林生态国家站建设与发展规划通过了专家评审。

2012年，承办了973课题年度学术交流会议。

2017年，协办了河南省典型生态系统定位研究网络管理及培训年会。

2019年，举办了河南鸡公山森林生态系统国家定位观测研究站学术委员会成立暨国标认证挂牌仪式会议。

近年来，先后接待了包括国家林业和草原局、生态定位观测网络中心领导以及"两院"院士、中科院系统、中国林科院系统的数十批次专家学者来站调研、考察与洽谈科技合作事宜。

2009年信阳市林科所与信阳师范学院科技合作协议签约仪式

2009年中科院院士唐守正来站考察、指导工作

2012年中科院院士傅伯杰来站考察、指导工作

2017年中科院院士唐守正来站考察、指导工作

2012年中科院院士许智宏来站考察、指导工作

1.2012年鸡公山站承办了国家973课题年会

2.2013年国家林业局科技司司长彭有冬来站调研、指导工作

3.2017年河南省HNTERN生态站网络年会在鸡公山站召开

4.2017年国家林业局CTERN生态站网管中心主任杨振寅来站检查、指导工作

5.2019年举办了河南鸡公山森林生态站学术委员会成立暨国标认证挂牌仪式会议

6.2018年河南大学傅声雷教授来站考察、调研

7.2009年河南鸡公山森林生态站建设与发展规划通过了专家评审

8.2017年"一带一路"官员生态行走进生态站，巴基斯坦

9.2019年信阳市小学生夏令营走进生态站

七、成果产出

近年来，依托鸡公山森林生态国家站主持完成的成果共获得市厅级以上科学技术成果奖励 8 项（次），其中省部级成果奖励 2 项；以生态站固定人员为第一作者或通讯作者在全国中文核心期刊上发表学术论文近 20 篇；授权实用新型专利 1 项。

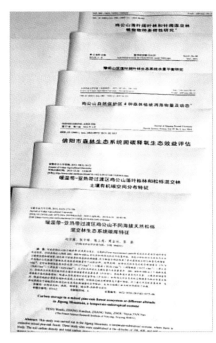

代表性成果

《豫南山区不同海拔天然落叶栎林和松栎混交林碳库特征》：在样地实测和实验分析的基础上，调查分析了鸡公山两种典型天然林分土壤碳密度和碳储量，实测了林下植被层和凋落物层碳储量，用生物量方程法估测了乔木层各组分的生物量及碳储量；分析了山体海拔、林分密度、碳含量系数等因子对林分碳储量的影响，为当地碳汇林业的经营提供了依据，为区域和全国森林碳储量的估算提供了基础数据，达到了国内同类研究的领先水平。该成果 2016 年先后获得信阳市科学技术进步奖壹等奖、河南省科学技术进步奖叁等奖。

八、台站风光及珍稀植物

1.鸡公山子遗植物连香树
2.鸡公山子遗植物香果树
3.鸡公山野生独花兰
4.鸡公山落羽杉母树林
5.鸡公山厚朴林